U0677129

重庆市职业教育学会规划教材/职业教育传媒艺术类专业新形态教材

BIM建模应用技术

BIM JIANMO YINGYONG JISHU

主　编　　徐　江　许汝才

副主编　　于海祥　魏奇科　李春涛

参　编　　刘华辉　国　利　刘四明　张　月　向孜凯

　　　　　王振强　贾建平　王　传　卜　巧　何跃东

　　　　　张　驰　杜清泽　刘　琛

重庆大学出版社

图书在版编目（CIP）数据

BIM建模应用技术／徐江，许汝才主编. -- 重庆：
重庆大学出版社，2024.3
职业教育传媒艺术类专业新形态教材
ISBN 978-7-5689-3855-6

Ⅰ.①B… Ⅱ.①徐…②许… Ⅲ.①建筑设计—计算
机辅助设计—应用软件—职业教育—教材 Ⅳ.
①TU201.4

中国国家版本馆CIP数据核字（2023）第066109号

职业教育传媒艺术类专业新形态教材
BIM 建模应用技术
BIM JIANMO YINGYONG JISHU

主　编　徐　江　许汝才
副主编　于海祥　魏奇科　李春涛

策划编辑：席远航　蹇　佳　周　晓
责任编辑：蹇　佳　　装帧设计：蹇　佳
责任校对：关德强　　责任印制：赵　晟

重庆大学出版社出版发行
出版人：陈晓阳
社　　址：重庆市沙坪坝区大学城西路21号
邮　　编：401331
电　　话：（023）88617190　88617185（中小学）
传　　真：（023）88617186　88617166
网　　址：http://www.cqup.com.cn
邮　　箱：fxk@cqup.com.cn（营销中心）
全国新华书店经销
印刷：重庆升光电力印务有限公司

开本：787mm×1092mm　1/16　印张：6.75　字数：157千
2024年3月第1版　　2024年3月第1次印刷
印数：1—2 000
ISBN 978-7-5689-3855-6　定价：49.00元

本书如有印刷、装订等质量问题，本社负责调换
版权所有，请勿擅自翻印和用本书
制作各类出版物及配套用书，违者必究

前言
FOREWORD

  BIM 建模应用技术是高等职业院校建筑工程类专业的一门专业技术课程，是研究各种建筑基本知识的重要专业课。掌握 BIM 建模技术，为学生将来从事 BIM 全生命周期制作、BIM 设计、BIM 施工模拟、建筑安装工程施工、建筑工程造价打下坚实基础，并能为学生将来终身学习、自我提升拓展空间。

  在学习本课程之前，学生应具备"建筑制图与识图""建筑 CAD""房屋构造""建筑材料""建筑力学与结构"等专业知识，本课程的学习，为学生毕业实习、毕业设计、就业等打下基础。本课程是一门专业性强、涵盖多个专业内容、难度中等的课程，主要侧重于培养学生对基本理论的理解，对基本实践技能的掌握。

  BIM 使用三维协作模式作为设计手段，以模型中的信息作为纽带，是贯穿整个设计周期的手段和方法。简单来说，就是用三维来代替二维的设计模式。

  建筑信息模型（Building Information Modeling）、建筑信息化管理（Building Information Management）、建筑信息制造（Building Information Manufacture）是以建筑工程项目的各项相关信息数据作为基础，通过数字信息仿真模拟建筑物所具有的真实信息，通过三维建筑模型，实现工程监理、物业管理、设备管理、数字化加工、工程化管理等功能。它具有信息的完备性、关联性、一致性、可视性、协调性、模拟性、优化性和可出图性八大特点。建设单位、设计单位、施工单位、监理单位等项目参与方能在同一平台上共享同一建筑信息模型。BIM 不再像 CAD 一样只是一款软件，而是一种管理手段，是实现建筑业管理可视化、精细化和信息化的重要工具。

  近年来，BIM 技术已经由一个热词（建设领域前沿技术）逐渐转化成一种成熟的项目全生命周期信息化管理必备技术。特别是 BIM 技术被明确写入建筑业发展规划、住房和城乡建设部、科技部"十三五"相关规划后，BIM 技术正在以一种前所未有的力量和速度，助推建设工程领域信息化发展。

本教材的编写以习近平新时代中国特色社会主义思想为指导，融入党的二十大精神，以岗、课、赛、证融通为教学目标，结合"1+X"建筑装饰装修数字化设计职业技能等级证书、世界技能大赛"建筑信息模型技术"赛项、全国高等职业院校学生职业技能大赛"建筑装饰技术应用"赛项等证赛评价、考核标准，以真实项目案例为驱动，多措并举编写。

结合高素质技术技能型人才培养目标要求，本课程将相关的实训项目纳入课程体系进行教学。同时根据建筑设备工程技术专业对学生的知识、能力和素质的要求制订本课程对基本操作技能、专业技能和综合应用能力训练的实践教学计划，统筹安排实践教学内容，坚持把职业核心能力与综合素质的培养贯穿于整个教学活动中，突出学生职业技能的培养。坚持重点培养职业能力的课程设计理念。

以工作过程为导向进行课程教学设计，坚持走工学结合之路，坚持按体现高职教育职业性、实践性、开放性的要求进行课程设计。

本教材结构由课前导入、任务内容、任务小结及习题组成，任务内容以建筑装饰装修数字化设计行业真实项目案例、证书考试样题、技能大赛试题为主线讲授。

在本教材编写的过程中，得到了中国建筑装饰协会、广联达科技股份有限公司、壹仟零壹艺网络科技（北京）有限公司、重庆建工集团股份有限公司设计研究院、中冶建工集团有限公司勘察设计研究总院的大力支持，在此一并表示感谢！

限于编者的水平，书中难免有纰漏和不足之处，恳请广大读者批评、指正。

编者

2023 年 12 月

目录
CONTENTS

模块一
建筑信息模型基础知识

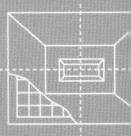

任务一　建筑信息模型特征与内涵

建筑信息模型（Building Information Modeling，BIM）特征是以三维数字技术为基础，集成了建筑工程项目相关信息的工程数据模型，对工程项目设施实体与功能特性的数字化表达。一个完善的信息模型，能够连接建筑项目生命周期不同阶段的数据、过程和资源，是对工程对象的完整描述，可被建设项目各参与方普遍使用。BIM具有单一工程数据源，可解决分布式、异构式工程数据之间的一致性、全局性和共享性问题，支持建设项目生命周期中动态的工程信息创建、管理和共享。

1.BIM 的特征

（1）模型信息的完备性

BIM除了对工程对象进行三维几何信息和拓扑关系的描述，还包括完整的工程信息描述，如对象名称、结构类型、建筑材料、工程性能等设计信息，施工工序、进度、成本、质量以及人力、机械、材料资源等施工信息，工程安全性能、材料耐久性能等维护信息，对象之间的工程逻辑关系等。

（2）模型信息的关联性

信息模型中的对象是可识别且相互关联的，系统能够对模型信息进行统计和分析，并生成相应的图形和文档。如果模型中的某个对象发生变化，则与之相关联的所有对象都会随之更新，以保持模型的完整性。

（3）模型信息的一致性

在建筑生命周期的不同阶段，模型信息是一致的，同一信息无须重复输入，而且模型信息能够自动演化，模型对象在不同阶段可以简单地进行修改和扩展而无须重新创建，避免了信息不一致的错误。BIM作为共享知识资源，为全生命周期过程中的决策提供了支持。它可分为BIM系统共享、应用软件共享和模型数据共享三个层面。

2.BIM 的内涵

在项目某个工序阶段应用BIM，是狭义的BIM。把BIM应用于建设项目的全生命周期，是广义的BIM。

2002年，时任欧特克（Autodesk）公司副总裁的菲利普·伯恩斯坦初次概括BIM的含义时，认为BIM主要是应用在建筑设计上。可以看出，当时人们对BIM的认识还比较粗浅，在应用上也还处在初级阶段，即主要是在建设项目中某一个阶段甚至某一个工序上孤立地应用，如用于建筑设计、碰撞检测等。今天，BIM的含义已经大大扩展，特别是把BIM扩展到整个项目生命周期的运行管理（包括设计管理、施工管理、运营维护管理）中，使BIM的价值得到了巨大的提升。BIM不仅在跨越全生命周期这个纵向领域得到充分应用，而且在应用范围的横向领域也得到广泛应用，从这个范围上来理解BIM的广义性更为合适。

BIM 至今仍在不断发展，其应用范围也许会更加宽泛，广义 BIM 所覆盖的内容也会更多。

另外，BIM 的应用领域越来越广泛，已经超越了建设对象是单纯建筑物的局限，越来越多地应用在桥梁工程、水利工程、城市规划、市政工程、风景园林建设等方面。

BIM 的适用范围包含以下三种类型的设施或建造项目。

第一类：建筑物（Building），如一般办公楼房、住宅建筑等。

第二类：构筑物（Structure），如水塔、水坝、厂房等。

第三类：线性形态的基础设施（Linear Structure），如道路、桥梁、铁道、隧道、管道等。

值得注意的是，BIM 的应用已经开始和地理信息系统（Geographic Information System，GIS）结合起来，两者的结合成为 BIM 应用研究的新课题。BIM 主要用于建筑内部的信息，但随着其应用的发展，也需要一些建筑外部空间的信息，以支持进行多种应用分析（如结构设计需要地质资料信息、节能设计需要气象资料信息），而这些在地球表层（包括大气层）空间中与地理分布有关的数据信息都可以借助 GIS 得到。反过来，通过 BIM 和 GIS 的集成，BIM 给 GIS 环境带来了更多的信息，从而扩展了 GIS 的应用领域，提升了 GIS 的应用水平。因此，BIM 和 GIS 的结合是一种发展趋势。

智能建筑、智慧城市的发展，会牵涉到设备、构件在设施内的定位，因而物联网（Internet of Things，IoT）与 BIM 的结合会越来越密切。除了在设施的施工阶段可以应用物联网管理预制构件外，物联网更大量的应用是在设施的安装与运营阶段。因此，BIM 与物联网的结合将是其应用发展的又一个方向。可以想象，BIM 与 GIS 以及物联网的结合，将为智慧城市的发展开辟广阔的空间。

3.BIM 技术应用

BIM 技术以贯穿基础设施生命周期的数据格式，创建、收集该设施所有的相关信息并建立信息协调和信息模型，以作为项目决策的基础和共享信息的资源。

应用 BIM 在设施全生命周期中，所有与设施有关的信息只需输入一次，然后通过信息的流动可以应用到设施全生命周期的各个阶段。信息的重复输入不但耗费大量的人力、物力和成本，而且增加了出错的概率。当一次输入后，又面临一系列问题时（如基础设施的全生命周期要经历从前期策划到设计、施工、运管等多个阶段，每个阶段又分为不同专业的多项不同工作，每项工作用到的软件都不相同，这些不同品牌、不同用途的软件都需要从 BIM 中提取原信息进行计算、分析，以提供决策数据给下一阶段计算、分析使用），就需要一种在设施全生命周期各种软件都通用的数据格式以方便信息的储存、共享、应用和流动，这种数据格式就是工业基础类（Industry Foundation Classes，IFC）标准格式。目前，IFC 标准的数据格式已经成为全球不同品牌、不同专业的建筑工程软件之间创建数据交换的标准数据格式。

世界著名的工程设计软件开发商为了保证其软件所配置的 IFC 格式的正确性，并能够与其他品牌的软件通过 IFC 格式正确地交换数据，都把其开发的软件进行 IFC 认证。一般认为，软件通过了 IFC 认证就标志着该软件产品采用了 BIM 技术。

BIM 技术较好地解决了建筑全生命周期中多工种、多阶段的信息共享问题，使整个工程的成本大大降低，质量和效率显著提高，为传统建筑在信息时代的发展展现了光明的前景。

任务二　建筑信息模型应用的价值与意义

1. 可行性研究与规划

BIM 对处于研究阶段的建设项目在技术和经济方面的可行性论证提供了帮助，提高了论证结果的准确性和可靠性。在可行性研究阶段，业主需要确定建设项目方案在满足类型、质量、功能等要求下是否具有技术和经济的可行性。但是，如果想得到可靠性高的论证结果，需要花费大量的时间、金钱与精力。BIM 可以为业主提供概要模型以对建设项目方案进行分析和模拟，从而能够为整个项目的建设降低成本、缩短工期并提高质量。城市规划从大范围层次来讲是对一定时期内整个城市或某个区域的经济和社会发展、土地利用、空间布局的计划与管理，从小的层次来讲是对建设过程中某个具体项目的综合部署、具体安排和实施管理。城市规划领域目前是以计算机辅助设计（Computer Aided Design，CAD）和 GIS 为主要支撑平台，城市规划的三维仿真系统是目前城市规划领域应用最多的管理平台。虽然目前传统的三维仿真系统并没有做到模型信息的集成化，三维模型的信息往往是通过外接数据库实现更新、查找、统计等功能的，还没有实现模型信息的多维度应用，但是未来城市规划的主要发展方向会是规划管理数据多平台共享，办公系统多维化和集成化等。

将 BIM 引入城市规划三维平台中，可以完全实现目前三维仿真系统无法实现的多维度应用，特别是城市规划方案的性能分析。BIM 可以解决传统城市规划编制和管理方法无法量化的问题，诸如舒适度、空气流动性、噪声云图等指标，这对于城市规划来说无疑是一件很有意义的事情。BIM 的性能分析通过与传统规划方案的设计、评审相结合，将会对城市规划多指标量化、编制科学化和城市规划可持续发展产生积极的影响。另外，将 BIM 引入城市规划的地上、地下一体化三维管理系统也是研究城市三维空间可视化的关键技术，它能为城市规划地上空间和地下空间的关系以及地理信息管理与社会化服务系统的建立提供原型，为城市规划、建设和管理提供三维可视化平台。此系统可服务于城市建设、城市地质工作，对促进"数字化城市"的进步、提高城市规划管理的层次、推动城市地质科学的发展也具有重要的战略意义。

建设项目规划阶段的主要内容如下：

①根据所在地区发展的长远规划，提出项目建议书，选定建设地点。

②在试验、调查研究和技术经济论证的基础上编制可行性研究报告。

③根据咨询评估情况，对建设项目进行决策。

项目规划的重要内容是对可行性研究报告进行评估和编制，往往要进行多学科的论证，所以，较大项目的可行性研究组要配有工业经济、技术经济、工艺、土建、财会、系统工程以及程序设计等方面的专家。而将BIM引入项目的规划阶段，形成统一的项目初始数据模型，可为下一环节的项目设计提供基础数据。同时，利用BIM的各种专业分析软件，分析和统计规划项目的各项性能指标，实现规划从定性到定量的转变，充分利用BIM的参数化设计优势，结合现有的GIS技术、CAD技术和可视化技术，科学辅助项目的策划、研究、设计、审批和规划管理。

2. 协同设计

对于CAD建设项目设计阶段中存在的图样冗繁、错误率高、变更频繁、协作沟通困难等缺点，BIM可以从以下几个方面进行优化。

（1）保证概念设计阶段决策正确

在概念设计阶段，设计人员需要对拟建项目的选址、方位、外形、结构、耗能与可持续发展、施工与运营概算等问题作出决策，BIM技术可以对各种不同的方案进行模拟与分析，且为集合更多的参与方投入该阶段提供平台，使作出的分析决策在早期就得到反馈，保证了决策的正确性与可操作性。

（2）更加快捷与准确地绘制三维模型

不同于CAD技术下三维模型需要由多个二维平面图共同创建，BIM软件可以直接在三维平台上绘制三维模型，并且其所需的任何平面视图都可以由该三维模型生成，准确性更高且更直观快捷，为业主方、施工方、预制方、设备供应方等项目参与人的沟通协调提供了平台。

（3）多个系统的设计协作进行，提高设计质量

对于传统建设项目设计模式，各专业（包括建筑、结构、暖通、机械、电气、通信、消防等）设计之间的矛盾冲突极易出现且难以解决，而BIM整体参数模型可以对建设项目的各系统进行空间协调、消除碰撞冲突，大大缩短了设计时间且减少了设计错误与漏洞。同时，结合运用与BIM建模工具具有相关性的分析软件，可以就拟建项目的结构合理性、空气流通性、光照温度控制、隔声隔热、供水、废水处理等多个方面进行分析，并基于分析结果不断完善BIM模型。

（4）对于设计变更可以灵活应对

BIM整体参数模型自动更新的法则可以让项目参与方灵活应对设计变更，减少施工人员与设计人员所持图样不一致的情况。对于施工平面图的任何一个细节的变动，如Revit软件将自动在立面图、截面图、三维界面、信息列表、工期、预算等所有相关联的地方作出更新修改。

（5）提高可施工性

设计图的实际可施工性是建设项目经常遇到的问题。由于专业化程度的提高及绝大多数建设工程所采用的设计与施工分别承包模式的局限性，设计人员与施工人员之间的交流甚少，加之很多设计人员缺乏施工经验，从而极易导致施工人员难以甚至无法按照设计图进行施工的现象出现。而BIM可以通过三维平台加强设计与施工人员的交流，让有经验的施工管理人

员参与到设计阶段中来，早期植入可施工性理念，更深入地推广新的工程项目管理模式，如集成化项目交付（Integrated Project Delivery，IPD）模式等，以解决可施工性的问题。

（6）为精确化预算提供便利

在设计的任何阶段，BIM 技术都可以按照定额计价模式根据当前 BIM 模型的工程量给出工程的总概算。随着初步设计的深化，项目各个方面，如建设规模、结构性质、设备类型等均会发生变动与修改，BIM 模型平台导出的工程概算可以在签订招投标合同之前给项目各参与方提供决策参考，也为最终的设计概算提供基础。

（7）有利于低能耗与可持续发展

在设计初期，传统的二维软件只能在设计完成之后利用独立的能耗分析工具介入，而利用与 BIM 模型具有互用性的能耗分析软件就可以为设计注入低能耗与可持续发展的理念，大大减少了修改设计以满足低能耗需求的可能性，这是传统二维软件无法实现的。除此之外，各类与 BIM 模型具有互用性的其他软件都在提高建设项目整体质量上发挥了重要作用。

3. 施工

在建设项目施工阶段，传统的 CAD 二维图存在可施工性差、施工质量不能保证、工期进度拖延、工作效率低等缺点，BIM 可以明显优化，具体包括以下几个方面：

（1）施工前改正设计错误与漏洞

在传统 CAD 时代，各系统间的冲突碰撞很难在二维图上加以识别，而是往往在施工进行到一定阶段时才被发现，然后不得不进行返工或重新设计。而 BIM 模型将各系统的设计整合在了一起，系统间的冲突一目了然，因此可以在施工前进行改正，这就加快了施工进度，减少了浪费，甚至在很大程度上减少了各专业人员间发生纠纷及不和谐的情况。

（2）四维施工模拟，优化施工方案

将 BIM 技术与具有互用性的四维软件、项目施工进度计划连接起来，以动态的三维模式模拟整个施工过程与施工现场，能及时发现潜在问题和优化施工方案（包括场地、人员、设备、空间冲突、安全问题等）。同时，四维施工模拟还包含如起重机、脚手架、大型设备等的进出场时间，为节约成本、优化整体进度安排提供了帮助。

（3）BIM 模型是预制加工工业化的基石

细节化的构件模型可以由 BIM 设计模型生成，以用来指导预制生产与施工。由于构件是以三维形式被创建的，从而便于数控机械化自动生产。当前，这种自动化的生产模式已经成功地运用在钢结构加工与制造、金属板制造等方面，从而可以生产预制构件、玻璃制品等。这种模式方便供应商根据设计模型对所需构件进行细节化的设计与制造，其准确性高且缩减了造价与工期，同时消除了利用二维图施工时由于周围构件与环境的不确定性而导致构件无法安装甚至重新制造的尴尬局面。

（4）使精益化施工成为可能

由于 BIM 参数模型所提供的信息包含了每一项工作所需的资源，即人员、材料、设备等，为总承包商与各分包商之间的协作提供了基础，从而最大化地保证了资源的准确管理，削减了不必要的库存管理工作，减少了无用的等待时间，提高了生产效率。

4.运维管理

BIM参数模型可以为业主提供建设项目中所有系统的信息，在施工阶段作出的修改将全部同步更新到BIM参数模型中，从而形成最终的BIM竣工模型。该竣工模型作为各种设备管理的数据库，为系统的运营维护提供依据。此外，BIM还可同步提供有关建筑使用情况或性能、入住人员与容量、建筑已用时间以及建筑财务方面的信息。同时，BIM可提供数字更新记录，并改善搬迁规划与管理。BIM还促进了标准建筑模型对商业场地条件的适应性。有关建筑的物理信息（如完工情况、承租人或部门分配、家具和设备库存）和关于可出租面积、租赁收入或部门成本分配的重要财务数据都更加易于管理和使用。稳定访问这些类型的信息可以提高建筑运营过程中的收益与成本管理水平。

目前，工程设计中创建的数字化模型数据库的核心部分主要是实体和构件的基本数据，而很少涉及技术、经济管理及其他方面。随着信息化技术在建筑行业的深入应用和发展，将会有越来越多的软件（如概预算软件、进度计划软件、采购软件、工程管理软件等）利用信息模型中的基础数据，在各自的工作环节中产生相应的工程数据，并将这些数据整合到最初的模型中，从而对工程信息模型进行补充和完善。在项目实施的整个过程中，自始至终只有唯一的工程信息模型，且包含完整的工程数据信息。通过这个唯一的工程信息模型，可以提高运维阶段工程的使用性能，继续积累抵御各种自然灾害的数据信息，真正实现工程生命周期内的规范管理和成本控制。另外，在建筑智能物业管理方面，综合运用信息技术、网络技术和自动化技术，建立基于BIM标准的建筑物业管理信息模型，可以实现物业管理阶段与设计阶段、施工阶段的信息交换和共享。通过建立楼宇自动化系统集成平台，可对建筑设备进行监控和集成管理，实现具有集成性、交互性和动态性的智能化物业管理。

工程项目从立项开始，需历经规划设计、施工、竣工验收及交付使用多个环节，这是一个漫长的过程，这个过程中的不确定性因素有很多。在项目建造初期，设计与施工等领域的从业人员面临的主要问题有两个：一是信息共享；二是协同工作。工程设计、施工与运行维护中信息交换不及时、不准确的问题会导致大量人力和物力的浪费。2007年，美国的麦克·格劳·希尔公司（McGraw Hill，2015年更名为Dodge Data&Analytics）发布了一个关于工程行业信息互用问题的研究报告。该报告显示，数据互用性不足会使工程项目平均成本增加3.1%，其具体表现为，由于各专业软件厂商之间缺乏共同的数据标准，从而不能有效地进行工程信息共享，一些软件无法得到上游数据，使得信息脱节、重复，导致工作量增大。

BIM的主要作用是使工程项目数据信息在规划、设计、施工和运营维护全过程中实现充分共享和无损传递，为各参与方的协同工作提供坚实的基础，并为建筑物从概念到拆除的全生命周期中各参与方的决策提供可靠依据。

BIM对一项工程的实施所带来的价值优势是巨大的，主要体现在以下方面：

①缩短项目工期。利用 BIM 技术，可以通过加强团队合作、改善传统的项目管理模式、实现场外预制、缩短订货至交货的时间等，大大缩短项目工期。

②更加可靠与准确的项目预算。基于 BIM 模型的工料计算相比基于二维图的预算更加准确且节省了大量时间。

③提高生产效率、降低成本。利用 BIM 技术可大大加强各参与方的协作与信息交流的有效性，使决策可以在短时间内制订完成，减少了复工与返工的次数，且便于新型生产方式的兴起，如场外预制。BIM 参数模型作为施工文件，显著地提高了生产效率、降低了成本。

④高性能的项目结果。BIM 技术所输出的可视化效果可以为业主校核提供参考依据，且利用 BIM 技术可实现耗能与可持续发展设计与分析，为提高建筑物、构筑物等的性能提供了技术手段。

⑤有助于提高项目的创新性与先进性。BIM 技术可以实现对传统项目管理模式的优化。例如，在集成化项目交付 IPD 模式下各参与方早期参与设计、群策群力的模式有利于吸取先进技术与经验，实现项目的创新性与先进性。

⑥方便设备管理与维护。利用 BIM 竣工模型作为设备管理与维护的数据库。

任务三　BIM 在我国的发展前景

BIM 要在我国建筑业实现顺利发展，必须与国内的行业特色相结合。

引进 BIM 技术也会给国内建筑业带来一次巨大的变革，推动行业的可持续发展，并产生巨大的社会效益，其主要作用有以下方面：

①有助于改变传统的设计生产方式。通过 BIM 信息交换和共享，可改进基于二维的专业设计协作方式，改变依靠抽象符号和文字表述的蓝图进行项目建设的管理方式。

②促进建筑业管理模式的变革。BIM 支持设计与施工一体化，能够有效减少工程项目建设过程中"错、缺、漏、碰"现象的发生，减少工程全生命周期内的浪费，从而带来巨大的经济效益和社会效益。

③实现可持续发展目标。BIM 支持对建筑安全、舒适、经济、美观以及节能、节水、节地、节材、环境保护等多方面的分析和模拟，特别是通过信息共享可将设计模型信息传递给施工管理方，以减少重复劳动，从而提高整个建筑业的信息共享水平。

④促进全行业竞争力的提升。一般的工程项目都有数十个参与方，大型项目的参与方可以达到上百个甚至更多，提升竞争力的技术关键是提高各参与方之间的信息共享水平。因此，充分利用 BIM 信息交换和共享技术，可以提高工程设计效率和质量，减少资源的消耗和浪费，从而提升建筑业的生产水平。

任务四 数字化装饰常用术语

1.BIM

BIM（Building Information Modeling）是指在建设工程及设施全生命周期内，对其物理和功能特性进行数字化表达，并依此设计、施工、运营的过程和结果的总称。

2.PAS 1192

PAS 1192 是建筑信息模型设置信息管理运营阶段的规范。该规范规定了图形信息、非图形内容（如具体的数据）、模型的意义、模型信息交换。它概述了全局视角和实施细节，帮助项目团队贯穿项目实践。

3.CIC BIM protocol

CIC BIM protocol 即 CIC BIM 协议。CIC BIM 协议是建设单位和承包商之间的一个补充性的具有法律效力的协议，已被并入专业服务条约和建设合同之中，是对标准项目的补充。它规定了雇主和承包商的额外权利和义务，从而促进相互之间的合作，同时对知识产权有保护作用，并划分项目参与各方的责任。

4.Clash rendition

Clash rendition 即碰撞再现，专门用于空间协调的过程，实现不同学科建立的 BIM 模型之间的碰撞规避或者碰撞检查。

5.CDE

CDE 指公共数据环境。这是一个中心信息库，所有项目相关者都可以访问，同时对所有 CDE 中的数据访问都是随时的，所有权仍旧由创始者持有。

6.COBie

COBie 即施工运营建筑信息交换（Construction Operations Building information exchange），是一种以电子表单呈现的用于交付的数据形式，为调频交接包含建筑模型中的一部分信息（除了图形数据）。

7.Data Exchange Specification

Data Exchange Specification 即数据交换规范，是不同 BIM 应用软件之间数据文件交换的一种电子文件格式的规范，从而提高相互间的可操作性。

8.Federated mode

Federated mode 即联邦模式，将不同的模型合并成一个模型，是多方合作的结果。

任务小结

　　　BIM 建模应用技术是一门学时少、内容多、涉及面宽、与实际紧密联系的课程, 本课程采用 Revit2016 进行实操多媒体教学, 讲授内容着重于操作手法及绘图技巧。

　　　BIM 的价值在于应用, BIM 的应用基于模型, 通过模型的运用真正实现了对建筑进行全生命周期的管理。本书将把 BIM 工作过程中的模型设计理念和现场管理应用在模型创建过程中深入浅出地进行讲解, 让大家能够快速熟悉并掌握这门技术, 为建筑信息化设计和工程施工项目的信息化管理打下坚实的基础, 引领建筑信息化变革的新潮流。

课后习题

单选题

1. 以下不属于 BIM 核心建模软件的是 (　　　)。

A. Revit Mep

B. Bentley Architecture

C. ArchiCAD

D. SketchUp

2. 下列说法正确的是 (　　　)。

A. 业主主导模式下, 初始成本较低, 协调难度一般, 应用扩展性一般, 运营支持程度低, 对业主要求较低

B. 业主主导模式下, 初始成本较高, 协调难度大, 应用扩展性最丰富, 运营支持程度高, 对业主要求高

C. 业主主导模式下, 初始成本较高, 协调难度一般, 应用扩展性最丰富, 运营支持程度一般, 对业主要求高

D. 业主主导模式下, 初始成本较高, 协调难度小, 应用扩展性一般, 运营支持程度高, 对业主要求高

3. BIM 的中文全称是 (　　　)。

A. 建设信息模型

B. 建筑信息模型

C. 建筑数据信息

D. 建设数据信息

4. 下列选项不属于建筑信息模型分类对象的是 (　　　)。

A. 建设对象

B. 建设资源

C. 建设进程

D. 建设成果

5. 在建筑总平面图中, 计划扩建的预留地用 (　　　) 表示。

A. 细实线

B. 粗实线

C. 点画线

D. 中粗虚线

答案: 1.D; 2.B; 3.B; 4.A; 5.D

模块二
模型创建

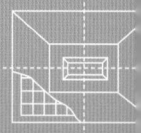

任务一　建模环境设置

【任务导读】

BIM 技术作为建筑行业的新兴技术，它的全面应用，将对建筑行业的科技进步产生无可估量的影响。由于 BIM 技术不可替代的优越性，未来该技术必然将在项目建设各领域得到普及应用。因此，本任务旨在向学生传授 BIM 思维与主流 BIM 软件（Revit）创建模型的方法和技巧。从 BIM 概述和 BIM 应用前景开始，要求学生了解 BIM 技术的核心价值体系与应用领域，并能够熟练运用 Revit 进行建筑结构专业的基础建模与模型应用。

【任务内容】

1. 什么是 Autodesk Revit

Autodesk Revit 是 Autodesk 公司推出的一款应用于建筑行业的绘图管理软件，是 BIM 软件的一种，其作用不是绘图而是建立三维信息模型，分为建筑、结构、设备三个专业。从 Revit2014 开始，三个分专业的软件已经被整合为一个软件。

Autodesk Revit 软件专为建筑信息模型构建 BIM 信息模型。BIM 是以从设计、施工到运营的协调和可靠的项目信息为基础而构建的集成流程。通过采用 BIM，建筑公司可以在整个流程中使用一致的信息来设计和创建新项目，并且还可以通过精确实现建筑外观的可视化来支持更好的沟通，模拟真实性能以便让项目各方了解成本、工期与环境影响。

Autodesk Revit 软件能够帮助在项目设计流程前期探究最新颖的设计概念和外观，并能在整个施工过程中准确传达设计理念。Autodesk Revit 面向建筑信息模型（BIM）而构建，支持可持续设计、碰撞检测、施工规划和建造，同时帮助设计师与工程师、承包商与业主更好地沟通协作。设计过程中的所有变更都会在相关设计与文档中自动更新，实现更加协调一致的流程。

Autodesk Revit 全面创新的概念设计功能带来易用工具，帮助进行自由形状建模和参数化设计，并且还能够对早期设计进行分析。借助这些功能，可以自由绘制草图，快速创建三维形状，交互地处理各个形状。利用内置的工具可以进行复杂形状的概念澄清，为建造和施工准备模型。随着设计的持续推进，Autodesk Revit 能够围绕最复杂的形状自动构建参数化框架，并提供更高的创建控制能力，确保精确性和灵活性。从概念模型到施工文档的整个设计流程都在一个直观环境中完成（图 2-1、图 2-2）。

2.Autodesk Revit 的优势

①具有完善的图形绘制功能。

②具有强大的图形编辑功能。

③可以采用多种方式进行二次开发或用户定制。

④可以进行多种图形格式的转化，具有较强的数据交换能力。

⑤支持多种硬件设备。

⑥支持多种操作平台。

⑦具有通用性、易用性，适用于各类用户。

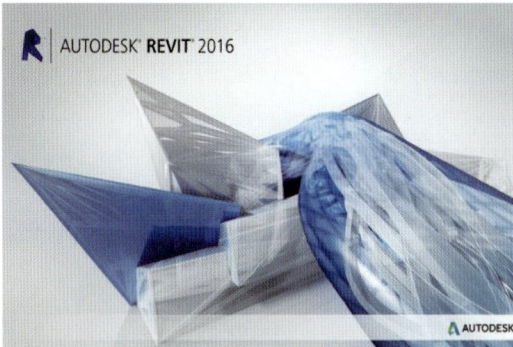

图 2-1

图 2-2

3.Autodesk Revit 的功能

Autodesk Revit 除了能够设计施工图外，还能直接渲染出图（图 2-3）。

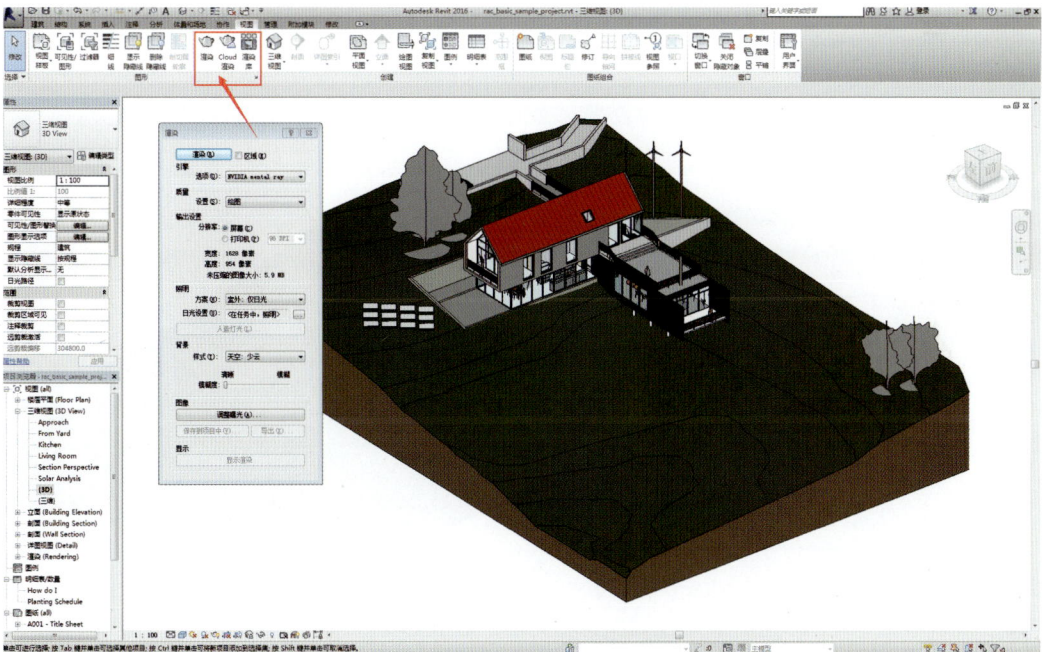

图 2-3

（1）平面绘图功能

Autodesk Revit 软件能以多种方式进行直线、圆、椭圆、多边形、样条曲线的创建，并能基于基本图形的绘制完成较为复杂图形的制作（图 2-4）。

（2）绘图辅助功能

Autodesk Revit 提供了对象捕捉功能，通过对象捕捉工具可帮助拾取几何对象上的特殊点，如图形端点、中点、交点、最近点、切点、象限点等。而追踪功能使图形绘制过程中绘制斜线及沿不同方向定位点变得更加容易（图 2-5）。

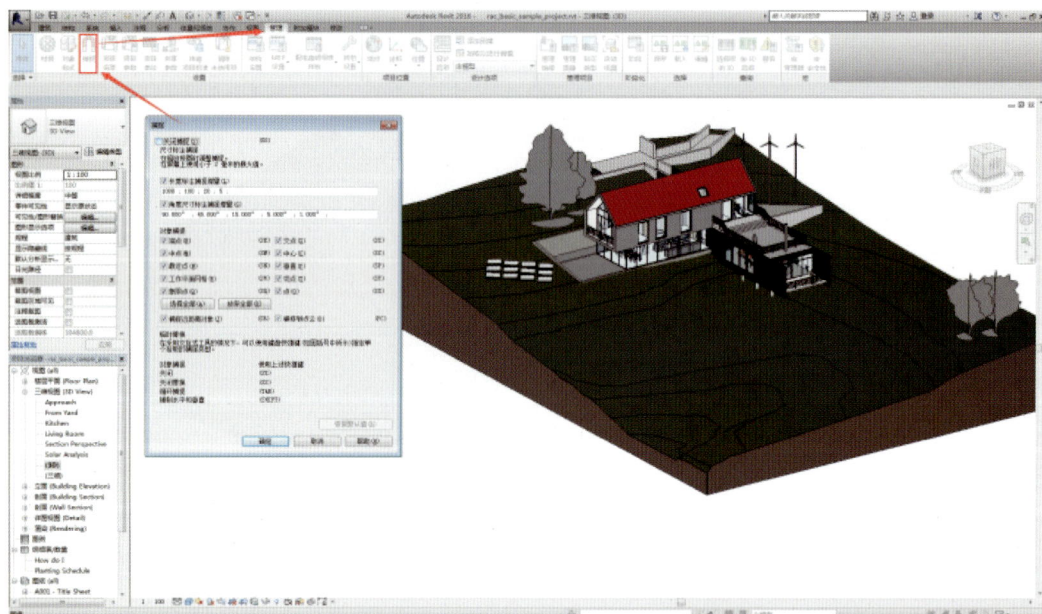

图 2-4

图 2-5

（3）编辑图形功能

Autodesk Revit 具有强大的编辑功能，可以对绘制的图形进行移动、复制、旋转、阵列、拉伸、延长、修建、缩放、对象等操作，方便绘制图形的修改和再次编辑（图 2-6）。

（4）尺寸及文字标注

可以创建多种类型尺寸的文字标注，精确地表示绘制图形的尺寸和相关信息，从而使图纸的识别和信息获取更加方便（图 2-7）。

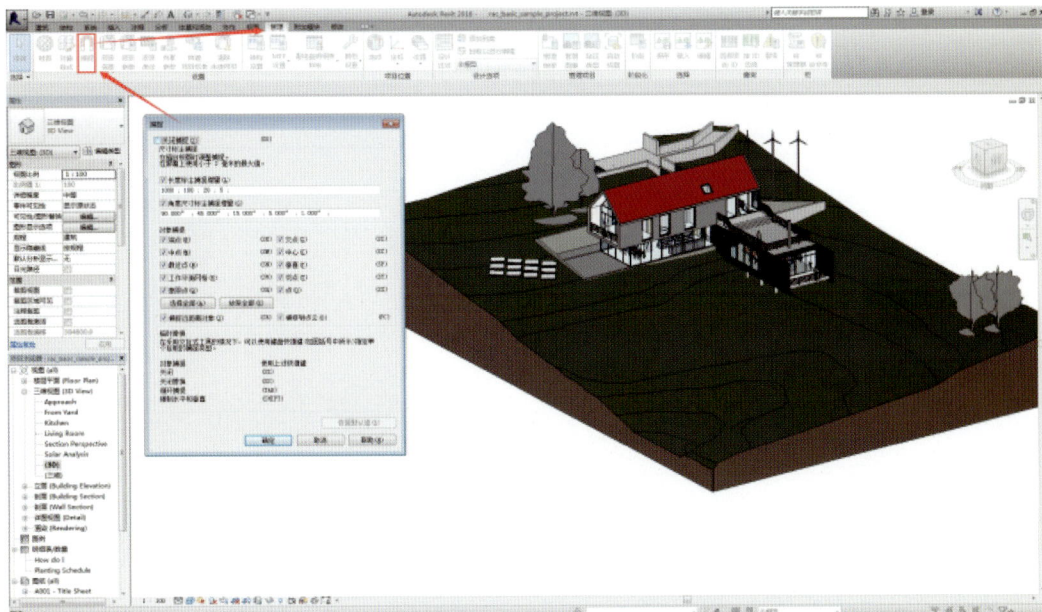

图 2-6

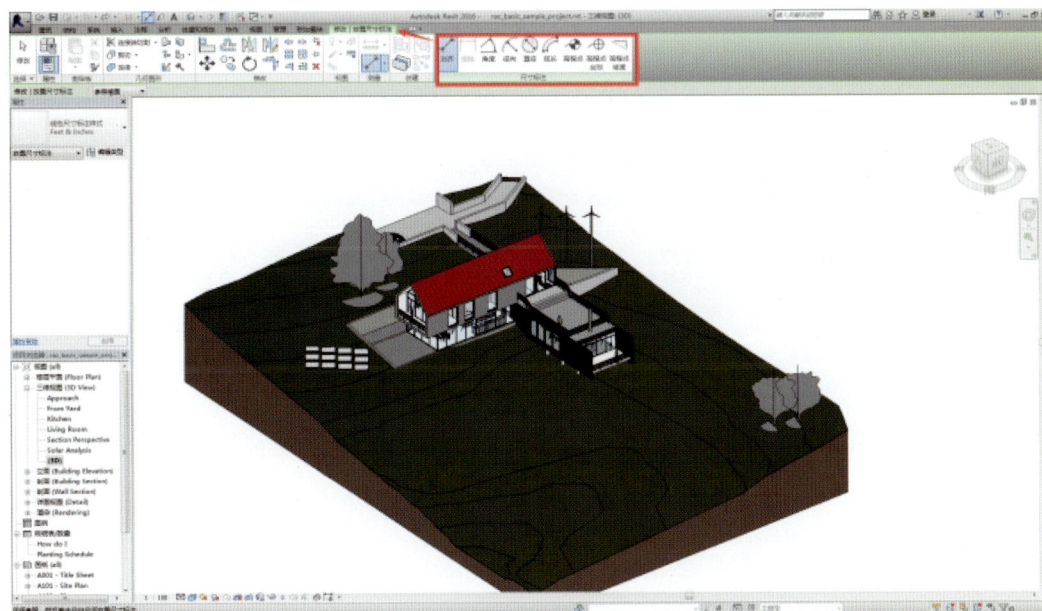

图 2-7

4.Autodesk Revit2016 怎么安装

查找并打开 Autodesk Revit2016 安装文件。

在安装文件中查找 Autodesk Revit2016 安装文件—鼠标双击打开安装文件夹—查找并双击打开"Setup"安装文件（图 2-8）—进入 Autodesk Revit2016 安装界面（图 2-9）。

教学视频
码2-1

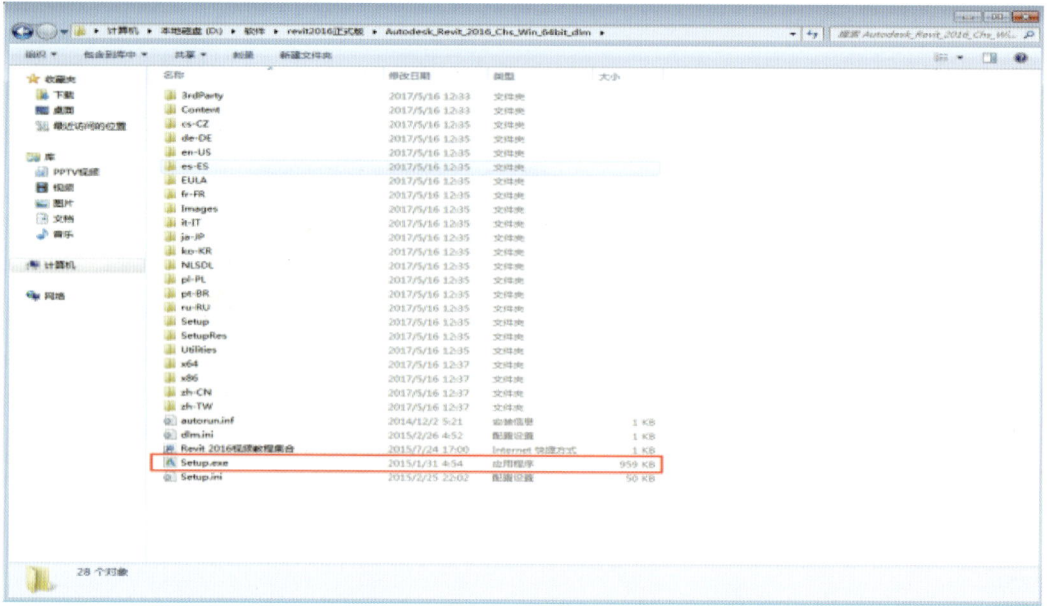

图 2-8

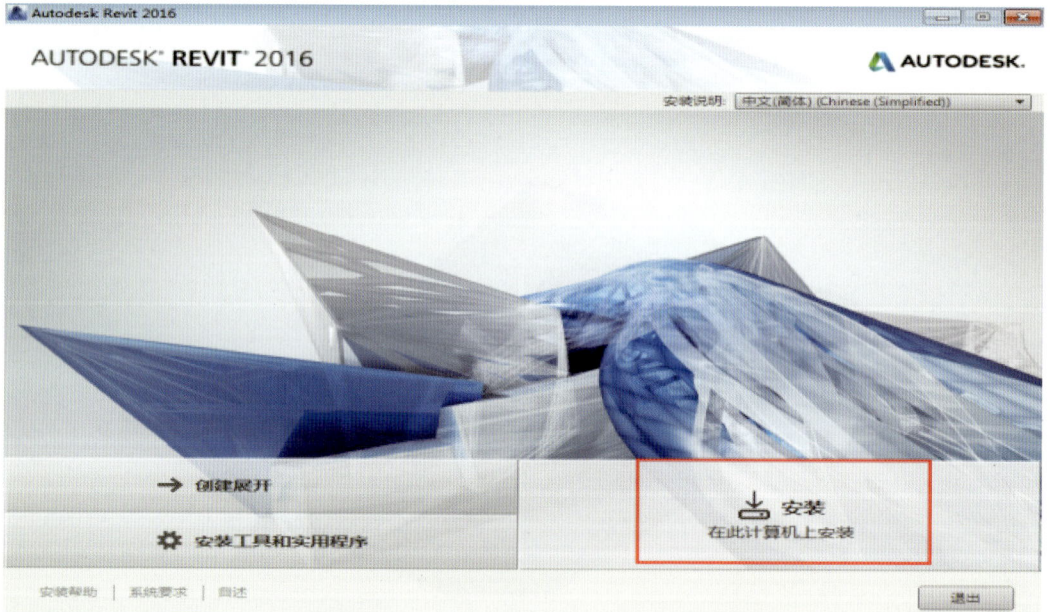

图 2-9

5.Autodesk Revit2016 怎么卸载

调出 Autodesk Revit 卸载命令窗口。

（1）使用系统工具调出 Autodesk Revit2016 卸载命令窗口

单击电脑桌面左下方"开始"按钮—选择"控制面板"命令对话窗—选择"程序和功能"命令—单击鼠标进入"程序和功能"对话窗口—选择"Autodesk Revit2016"命令栏—鼠标单击上方"卸载 / 更改"命令—调出"卸载 Autodesk Revit2016"对话框。

教学视频
码2-2

（2）使用辅助软件调出 Autodesk Revit 卸载命令窗口

打开辅助软件—单击鼠标选择"软件管家"命令—单击鼠标选择"软件卸载"命令，进入软件卸载对话窗口—选择"Autodesk Revit2016"命令栏，单击"卸载"命令—调出"卸载Autodesk Revit2016"对话框。

单击 Autodesk Revit2016 卸载对话框中"卸载"命令—进入"维护产品－卸载"对话窗口—单击"卸载"命令完成软件的卸载。

6.Autodesk Revit 用户界面各部分的名称和功能

（1）Autodesk Revit 用户界面介绍

Autodesk Revit2016 工作界面在原有版本的基础上做了重大调整，主要按工作流程和功能划分各个工作空间，工作界面空间主要由标题栏、菜单栏、工具栏、绘图窗口、命令窗口、状态栏、视图控制、属性、项目浏览器、全导航控制盘等组成。

教学视频
码2-3

（2）Autodesk Revit 标题栏

标题栏主要功能为显示当前应用程序的名称和当前打开图形文件的名称，位于工作界面的最上方。标题栏右端显示有三个窗口控制按钮，从左到右依次为"最小化"显示、"最大化"显示和"关闭窗口"，通过鼠标单击各功能按钮即可进行最小化窗口、最大化窗口、关闭窗口等操作。

7. 文件管理

（1）如何新建文件

调出"选择样板"对话框，在菜单栏中单击项目下方的"新建"—调出"样板文件"窗口，可以选择"结构样板""建筑样板""构造样板""机械样板"。

教学视频
码2-4

（2）如何打开文件

①调出"选择文件"对话框。

在菜单栏中单击"应用程序"按键，在最近使用的文档对话框中选择所需的文件单击打开。

在菜单栏中单击"应用程序"按键 "打开"—调出"项目""族""Revit 文件""建筑构件""IFC"对话框—选择所需的文件单击打开。

使用快捷键"Ctrl+O"调出"选择样板"窗口。

②打开文件。

命令打开法：打开 Revit，进入绘图界面，调出"选择文件"窗口—选择所需的文件—单击"打开"完成新建文件命令。

鼠标打开法：直接通过鼠标双击快捷图标就可以直接打开文件。

（3）如何保存文件

①保存文件。

在软件窗口中单击应用程序按键"保存"，对文件进行保存。

利用快捷键"Ctrl+S"对文件进行保存。

②另存为文件。

在菜单栏中单击应用程序按键"另存为"—调出"另存为"对话框—鼠标单击保存下拉菜单—选择文件保存的路径—在文件名栏目输入要保存的文件名。

8. 如何控制界面

（1）如何使用命令

①命令栏快捷键输入命令。

②工具栏选择命令。

③菜单栏选择命令。

（2）如何控制二维视图及三维视图显示

①鼠标控制法。

②键盘控制法。

③命令控制法。

④三维视图的控制。

教学视频
码2-5

9. 属性的概括

（1）属性对话框的介绍

①"属性"选项板是一个无模式对话框，通过该对话框，可以查看和修改用来定义图元属性的参数。

教学视频
码2-6

第一次启动 Revit 时，"属性"选项板处于打开状态并固定在绘图区域左侧"项目浏览器"的上方。以后关闭"属性"选项板，则可以使用：单击"修改"选项卡"属性"面板（属性）打开或者单击"视图"窗口面板—"用户界面"下拉列表—"属性"打开。

②还可直接使用 Revit 中的快捷命令"PP"或者"Ctrl+1"直接调出和关闭属性对话框，用"属性"选项板。

通常，在执行 Revit 任务期间应使"属性"选项板保持打开状态，以便可以执行下列操作：

·通过使用"类型选择器"，选择要放置在绘图区域中的图元的类型，或者修改已经放置的图元的类型。

·查看和修改要放置的或者已经在绘图区域中选择的图元的属性。

·查看和修改活动视图的属性。

·访问适用于某个图元类型的所有实例的类型属性，如类型选择器、属性过滤器、"编辑类型"按钮、实例属性。

如果有一个用来放置图元的工具处于活动状态，或者在绘图区域中选择了同一类型的多个图元，则"属性"选项板的顶部将显示"类型选择器"。"类型选择器"标识当前选择的族类型，并提供一个可从中选择其他类型的下拉列表。

单击"类型选择器"时，会显示搜索字段。在搜索字段中输入关键字来快速查找所需的内容类型。

（2）属性对话框的使用

①类型选择器：如果有一个用来放置图元的工具处于活动状态，或者在绘图区域中选择了同一类型的多个图元，则"属性"选项板的顶部将显示"类型选择器"。"类型选择器"标识当前选择的族类型，并提供一个可从中选择其他类型的下拉列表。

单击"类型选择器"时，会显示搜索字段。在搜索字段中输入关键字来快速查找所需的内容类型。

②属性过滤器：类型选择器的正下方是一个过滤器，该过滤器用来标识将由工具放置的图元类别，或者标识绘图区域中所选图元的类别和数量。如果选择了多个类别或类型，则选项板上仅显示所有类别或类型所共有的实例属性。当选择了多个类别时，使用过滤器的下拉列表可以仅查看特定类别或视图本身的属性。选择特定类别不会影响整个选择集。

③"编辑类型"按钮：除非选择了不同类型的图元，否则单击"编辑类型"按钮将访问一个对话框，该对话框用来查看和修改选定图元或视图的类型属性（具体取决于属性过滤器的设置方式）。

10.项目浏览器

"项目浏览器"用于显示当前项目中所有视图、明细表、图纸、组和其他部分的逻辑层次。展开和折叠各分支时，将显示下一层项目。

教学视频
码2-7

若要打开"项目浏览器"，请单击"视图"选项卡"窗口"面板"用户界面"下拉列表"项目浏览器"，或在应用程序窗口中的任意位置单击鼠标右键，然后单击"浏览器"—"项目浏览器"。

在"项目浏览器"中，可以自定义项目视图的组织方式。

11.标高的创建与使用

使用"标高"工具，可定义垂直高度或建筑内的楼层标高。

要添加标高，必须处于剖面视图或立面视图中。添加标高时，可以创建一个关联的平面视图。

教学视频
码2-8

标高是有限水平平面，用作屋顶、楼板和天花板等以标高为主体的图元的参照。

在功能区上，单击（标高）。"建筑"选项卡 "基准"面板（标高）单击之后，放在第二根线第一个点垂直的地点，选择需要的高度，当出现一个虚线的时候单击，绘制一条线段，与第二个短点重合。

创建完成之后，修改标高的名称，将它命名为标高3，完成创建，如果想要创建更多的标高，依次类推。

12. 轴网标注

轴网是可帮助整理设计的注释图元。在功能区上，单击 "轴网"进行创建，选择任意一个点，拖动任意距离，可以输出它的长度尺寸，再捕捉这根线的端点绘制第二根，依次绘制，也可以使用 Shift+Ctrl 键直接复制轴网。

教学视频
码2-9

任务小结

了解并掌握 Revit 文件的打开、新建与保存的方法。

认识 Revit 面板上的每个工具及其用途。

课后习题

单选题

1. 基础平面图属于（　　）。

A. 建筑施工图　　　　　　　　B. 结构施工图

C. 设备施工图　　　　　　　　D. 总平面图

2. 下列选项关于策划阶段 BIM 应用说法正确的是（　　）。

A. 首先建立网格及楼层线，然后导入 CAD 文档，接着建立柱梁板墙等组件，而后进行彩现，最后进行明细表或 CAD 输出

B. 首先进行彩现，然后导入 CAD 文档，接着建立柱梁板墙等组件，而后建立网格及楼层线，最后进行明细表或 CAD 输出

C. 首先建立网格及楼层线，然后进行彩现，接着导入 CAD 文档，而后建立柱梁板墙等组件，最后进行明细表或 CAD 输出

D. 首先建立网格及楼层线，然后导入 CAD 文档，接着建立柱梁板墙等组件，而后进行明细表或 CAD 输出，最后进行彩现

3. 下列选项关于策划阶段 BIM 应用说法不正确的是（　　）。

A. BIM 在方案策划阶段的应用内容主要包括现状建模、成本核算、场地分析和碰撞检查

B. 场地分析是对建筑物的定位、建筑物的空间方位及外观、建筑物和周边环境的关系、建筑物将来的车流、物流、人流等各方面的因素进行集成数据分析的综合

C. BIM 技术可为管理者提供概要的现状模型，以方便进行建设项目方案的分析、

模拟,从而为整个项目的建设降低成本、缩短工期并提高质量

D. 项目成本核算是通过一定的方式方法,对项目施工过程中发生的各种费用成本进行逐一统计考核的科学管理活动

4. 按照《建筑工程设计信息模型分类和编码标准》中的规定,下列四个编码中,应最先归档的为(　　)。

A.11-13.25.03<10-27.05.00　　　　　　B.11-13.25.03+10-27.05.00

C.12-33.25.03+10-39.01.00　　　　　　D.12-33.13.03<10-39.01.00

5. 下列选项关于《建筑工程设计信息模型交付标准》相关规定说法不正确的是(　　)。

A. 建筑工程信息模型的信息粒度与建模精度可不完全一致,应以模型信息作为优先采信的有效信息

B. 在建筑工程信息模型全生命周期内,同一对象和参数的命名应保持前后一致

C. 建筑工程信息模型精细度应由信息粒度和建模精度组成

D. 在满足项目需求的前提下,宜采用较高的建模精细度

答案:1.B; 2.A; 3.A; 4.B; 5.D

任务二　Revit 基础操作

【任务导读】

在开始使用 Autodesk Revit 之前,需要熟悉用户界面和用以创建设计的图元类型和族类型。本任务介绍 Autodesk Revit 基本操作,在整个学习和设计的过程中,还会用图元类型和族类型来提高使用 Autodesk Revit 的工作效率。

【任务内容】

1. 如何选择对象

常用选择对象方法:打开、直接选取、全选、框选。

教学视频
码2-10

2. 删除命令

(1)调出删除命令

在菜单栏点击"修改"选项卡,然后单击"删除"。

在命令栏输入快捷键 Delete,单击需删除的物体,让它以高亮显示的方式显示,单击空格键删除。

教学视频
码2-11

（2）使用删除命令

①选中所需删除的图形—找到"修改"选项卡当中的"删除"—单击对选中的物体进行删除。

②需删除的物体还可以使用快捷键 Delete，输入 Delete 鼠标指针会以箭头加小 × 显示。

3. 移动命令

（1）调出移动命令

直接单击"修改"选项卡当中的"调出"。

单击需要移动的物体，在弹出的修改对话框当中找到"移动"工具，在命令栏输入快捷命令 MV 直接进行移动。

教学视频
码2-12

（2）使用移动命令

①使用上述方法调用"移动"命令—通过上述方法选择将要移动的物体—单击空格键确定—拖动鼠标确定物体的移动和位置距离—单击鼠标确定最终的移动位置。

②通过上述方法将要移动的物体选中，输入 MV 单击空格键确定—拖动鼠标确定物体的移动和位置的距离，单击鼠标确定最终的移动位置。

4. 复制命令

（1）调出复制命令

①在菜单栏单击"修改"选项卡中的"复制"。

②直接选择复制：单击需要复制的物体，在弹出的修改对话框当中找到"复制"工具。

教学视频
码2-13

③运用快捷命令：在命令栏输入快捷命令 CO、CC 直接进行复制。

（2）使用复制命令

①调出"复制"命令或输入快捷命令 CO、CC，选择想要复制的物体，单击空格键待选中的墙体变为虚线框并高亮显示的时候选择复制。

再次单击确定最终复制的位置。

②如上述操作直接单击需要复制的物体，当物体以高亮显示的形式来显示时直接选择复制。

经验提示：以图形命令的方式进行图形的复制能在图形文件中进行复制和粘贴，如想在不同的图形文件中进行复制粘贴，可使用快捷键 Ctrl+C 复制图形和 Ctrl+V 粘贴图形配合使用。将选中的图形储存在一个临时的存储区，以便在不同的图形文件中进行复制粘贴。

5. 偏移命令

（1）调出偏移命令

使用偏移命令可以对指定的直线 、圆弧、圆、图形等对象作偏移复制。在实际应用中，常利用偏移命令的这些特性创建平行线或等距离分布图形，从而

教学视频
码2-14

更加方便地进行图形的绘制。

①直接单击"修改"选项卡中的"调出"。

②直接选择偏移。

③运用快捷命令。

（2）使用偏移命令

①调出"偏移"命令或输入快捷命令OF选择想要偏移的内容，单击空格键待选中的墙体变为虚线框并高亮显示的时候选择偏移。

②偏移墙体之前确定偏移的值，找到数值选项，想对该墙体偏移1000就输入1000，完成偏移墙体的绘制。

③经验提示：使用"偏移"命令复制对象时，对直线段、构造线、射线做偏移是平行复制。对圆弧作偏移后，新圆弧与旧圆弧同心且具有同样的包含角，但新圆弧的长度要发生改变；对圆或者椭圆作偏移后，新圆、新椭圆与旧圆、旧椭圆有同样的圆心，但新圆的半径或新椭圆的轴长要发生变化。

6. 镜像命令

（1）调出镜像命令

①直接通过"修改"—"镜像"选项卡当中单击调出。

②直接选择镜像工具：单击需要移动的物体，在弹出的修改对话框当中找到镜像工具。

③运用快捷命令：在命令栏输入快捷命令MM直接进行镜像。

（2）使用镜像命令

①调出"镜像"命令或输入快捷命令MM选择想要偏移的物体，选择镜像，拾取轴，单击空格键，以当前选中的物体为基础，单击另一个图元为参考进行镜像，选中另一面墙体为参考进行镜像。

②调出"镜像"命令或输入快捷命令MM选择想要偏移的物体，选择镜像，绘制轴，单击空格键以物体为基础，绘制一根轴线来进行角度的旋转，按45°进行镜像。

7. 旋转命令

（1）调出旋转命令

①通过菜单栏调出：选中需要旋转的物体，在菜单栏单击"修改"命令，再单击"旋转"。

②通过修改工具栏调出：在菜单栏单击"修改"命令，再单击"旋转"。

③运用快捷命令： 在命令栏输入快捷命令RO—单击空格键—选中某一点—鼠标单击随着旋转变化的角度—执行选择命令。

（2）使用旋转命令

①选择将要旋转的图形。

教学视频
码2-15

教学视频
码2-16

②确定旋转图形的角度。

8. 对齐命令

（1）调出对齐命令

①直接通过"修改"—"对齐"选项卡当中单击"调出"。

②直接选择对齐工具。

（2）使用对齐命令

①使用图 2-10 的方法调出"修剪"命令或输入快捷命令 AL 选择想要对齐的两个墙体，选择其中一面墙体，以高亮的方式显示。

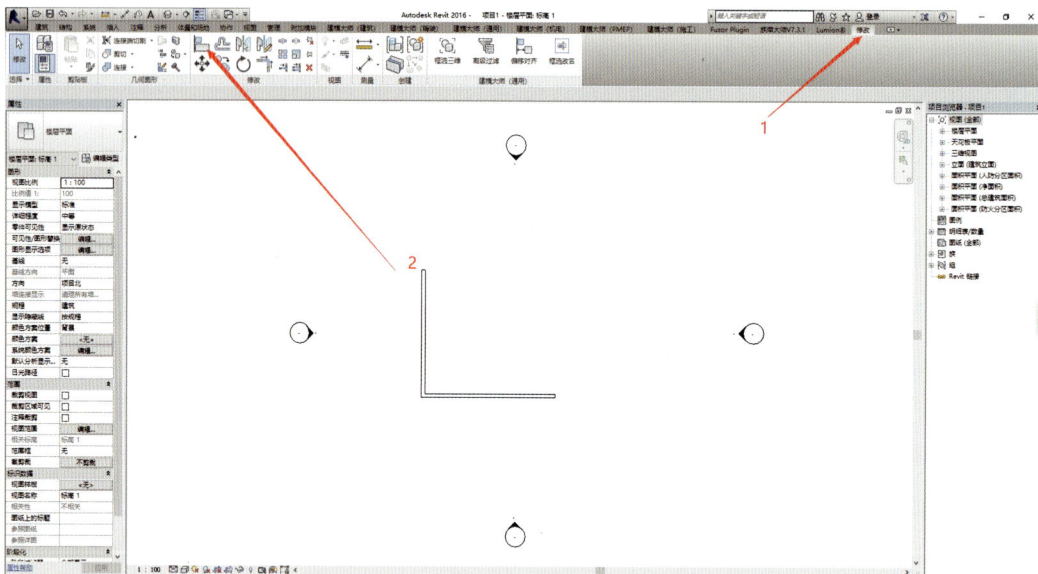

图 2-10

②选择"修改"选项卡当中对齐工具，可以对多个图元直接进行对齐。

对齐工具 AL 可以将一个或者多个图元与选定的图元对齐，也可以锁定对齐以确保其他模型修改不会影响对齐。

9. 阵列命令

（1）调出阵列命令

①直接通过"修改"—"阵列"调出。

②直接选择阵列工具。

③运用快捷命令。

在命令栏输入快捷命令 AR 直接进行阵列。

（2）如何使用阵列命令

①使用前面的方法调出"阵列"命令或输入快捷命令 AR，选中想要阵列的物体，以高亮显示的方式显示之后，单击键盘空格键执行命令，待物体被虚线框框中。

教学视频
码2-17

教学视频
码2-18

②在修改对话框中修改参数。

③参数值调整完成之后，使用阵列工具往任意方向拖动一次。

④拖动完成之后，在数值显示栏中输入想阵列的数量，比如输入数值 8，绘图区域中便会出现 8 个相似图元。

10. 缩放工具

教学视频
码2-19

（1）调出缩放工具

①直接在"修改"—"缩放"选项卡中单击"调出"。

②直接选择缩放工具：单击需要缩放的物体，在弹出的"修改"对话框中找到"缩放"工具。

③运用快捷命令：在命令栏输入快捷命令 RE，直接进行缩放。

（2）使用缩放命令

①使用前面的方法调出"缩放"命令或输入快捷命令 RE，选中想要缩放的物体，以高亮显示的方式显示之后，单击键盘空格键执行命令，待物体被虚线框框中。

②待进入缩放命令物体被选中后，单击空白区域选中缩放的物体，点击需要缩放的两条边，待两条边选中之后再进行等比例缩放。

③缩放完成之后单击空白区域，完成缩放，缩放可以适用于线、墙、图像、DWG 和 DXF 导入，参照平面以及尺寸标注的位置，用图形方式或数值方式按比例缩放图元。

✍ 任务小结

> Autodesk Revit 是一款强大的应用程序。它使用建筑信息模型方法在 Microsoft Windows 操作系统上运行。与大多数 Windows 应用程序一样，Autodesk Revit 用户界面包含选项卡面板、工具栏和对话框的功能区。

📝 课后习题

单选题

1. BIM 的应用整合了建筑、结构、水暖、机电等各个专业于同一个模型，贯穿建筑设计、施工，能在其全生命周期的各个阶段让建筑师、施工人员和业主清楚全面地了解项目提供准确可靠的信息，同时体现（　　）。

A. 可视化　　　　　　　　　　B. 一体化

C. 参数化　　　　　　　　　　D. 仿真性

2. 以下不是常见的工程图纸图例的是（　　）。

A. 标题栏　　　　　　　　　　B. 比例尺

C. 定位轴线　　　　　　　　　D. 室内外高差

3.下列关于 BIM 的含义不正确的是（　　）。

A. BIM 以三维数字技术为基础　　　　B. BIM 是一个完善的信息模型

C. BIM 是一类软件　　　　　　　　　D. BIM 具有单一工程数据源

4. 以下不属于 BIM 算量软件特征的是（　　）。

A. 基于三维模型进行工程量计算　　　B. 支持施工动画模拟

C. 支持按计算规则自动算量　　　　　D. 支持三维模型数据交换标准

5. 平面图包括各楼层平面图和（　　）平面图。

A. 地下室　　　　　　　　　　　　　B. 屋顶

C. 楼板　　　　　　　　　　　　　　D. 地坪

答案：1.B；2.D；3.C；4.B；5.B

任务三　结构建模

【任务导读】

本任务结构建模使用的是广联达自主开发的一款新型建筑信息模型建模软件 BIMMAKE，功能类似 Revit，但界面更加简洁。

教学视频
码2-20

【任务内容】

首先，先对模型图纸进行处理。

按楼层进行拆分，分别另存为单独的 CAD 文件，然后进行批量处理，打开 BIMMAKE，选择新建项目。

进入软件后界面默认在一层楼层平面视图中。

教学视频
码2-21

这时应该按照结构图纸上面的标高进行设置标高，使用快速看图软件打开结构图纸，找到立面图，然后在 BIMMAKE 软件里面转到立面视图。

BIMMAKE 软件的操作界面和 Revit 比较相似，有很多操作和快捷键也是互相通用的，然后按照结构图纸上的标高进行设置。

转到负一层平面视图，载入处理好的平面图纸。点击文件，选择 CAD 图纸，选择并确定插入。负一层的结构图纸就载入项目中了。这个项目所需要建模的别墅是没有负一层的，该视图是为了放置结构专业中的基础。

要根据图纸上的轴线来将轴网绘制出来，方便后续图纸定位以及建模操作。单击定位选项卡。点击"轴网"工具，发现上方出现了一个轴网的绘制方式，这里可以直接使用"拾取"命令。

依次选择图纸上的轴网,序号会自动根据 1、2、3 的顺序往下延伸。

开始继续拾取轴网,将竖向轴网拾取完毕后开始拾取横向轴网,但是横向轴网为字母排列的,在拾取第一根横向轴网时发现绘制的轴网序号依然是数字,退出绘制命令,单击轴网编号,将其改为大写的字母 A。

继续拾取轴网,就会发现轴网已经按照 A、B、C、D 的方式进行排列。轴网绘制完毕后,对比图纸,发现有些轴网只显示的一端轴号,选中轴网,发现在轴号属性区域有一个勾。

将其取消,该端轴号便取消显示。

到这里定位用的轴网就已经绘制完毕了。接着依次在每个楼层导入处理好的图纸,并将其移动到轴网上,也可以使用对齐命令将其对齐至轴网。

接着转到负一层平面视图,开始绘制基础,转到结构图纸。

观察基础类型,该基础为独立杯形基础,按照基础平面图上面的基础编号到基础表中寻找相应的基础信息。

回到 BIMMAKE 软件,选中独立基础,点击复制,点击确定,第一个基础就建立好了,接着按照图纸上的该基础位置进行摆放(注意,命名时要与图纸上的基础命名一致,然后按照该基础类型进行数值输入)。

如果摆放位置不恰当,可使用"对齐"命令进行修改,第一个基础设置好后,后面的基础则重复此操作进行建立。

负一层基础建立好后进行一层的结构建模,转到一层平面视图。

绘制结构柱,同样打开结构图纸,观察结构柱类型。

回到 BIMMAKE 软件,选择结构选项卡,选择"柱"。

选择一个矩形柱,然后点击复制,命名时与图纸上的柱编号一致,并按照结构图纸上的柱子长宽进行设置。

设置好后依次进行摆放。

其余结构柱依次进行如上重复操作。在摆放完毕后,发现这里有几根不同的结构柱,而矩形结构柱已经无法满足该结构柱的创建需求。

这时可以选择结构柱选项中的"自定义截面柱"来进行该种结构柱的创建,点击"自定义截面柱",弹出"自定义截面柱"的绘制界面,该视图中有一个十字中心,该中心点为放置结构柱时的中心点,所以要以此点为中心来创建结构柱。

使用线条围绕中心点来绘制结构柱的轮廓。

绘制完成后点击确定,回到一层结构柱平面视图,依次摆放结构柱。至此,结构柱绘制完毕。

接下来,绘制一层结构梁。将一层结构柱图纸右键隐藏,然后导入一层结构梁图纸,将其对齐至轴网。打开结构图纸,观察结构梁型号,回到 BIMMAKE 软件,选择结构选项卡,点击"梁",选择复制,命名时与结构图纸上结构梁的命名一致。然后根据该类型结构梁的尺寸进行设置。设置完毕后按照图纸上梁的路径进行绘制，应注意结构梁安装高度在二层标高底部。

按照此方式绘制完毕一层结构梁后，开始绘制一层结构板。这里注意，根据房间功能分区不同，各房间结构板高度会不一致，具体高差见结构图纸。

在结构图纸上，可以看见，客厅与各卧室高度一致，因此，这几个房间的结构楼板可以画一块整的，选择结构选项卡，单击楼板，进入到楼板绘制界面，上方选择绘制方式，如果是单个矩形房间，可以选择矩形绘制方式。

根据房间边缘勾勒出结构板边界线后，确认放置高度是否正确，如无误，点击确定。

那么这时客厅和卧室的结构板就绘制完成了。看一下车库的位置，发现它的地面要比室内的地面低很多，点击楼板，根据结构图纸的高度，来单独绘制。

这里使用矩形绘制命令，自车库随意端点拉向其对角点，边界线绘制完毕，输入放置高度，点击确定，绘制完成。

然后重复以上操作，绘制卫生间、厨房、阳台等需进行降板处理的房间。自此，一层结构建模完毕。

转到二层视图，重复一层绘制结构柱的操作：选择结构柱—点击柱—选择任意矩形柱—在属性界面点击复制（＋）—根据所绘制的结构柱尺寸设置—在相应位置进行摆放。在遇到异形结构柱时，使用自定义截面柱围绕中心点进行绘制截面，创建好柱后在相应位置进行摆放（注意，在绘制时，属性界面会有一个所属楼层）。

该构件属于哪个楼层就在此选项卡里切换为哪个楼层，这个操作会影响到视图中所显示的构件，在右边项目浏览器界面下面有一个过滤规则，可以将其切换为显示标高之上或是所属楼层。

如果二层的结构柱所属楼层是在一层，而视图显示方式是"所属楼层"，则在二层的平面视图当中无法看见该结构柱。所以在绘制时要保证每层的构件都应该属于该楼层。结构柱绘制完成后开始绘制结构梁，将二层结构柱图纸隐藏，导入二层结构梁图纸，重复一层结构梁绘制操作：选择结构选项卡—点击梁—任意选择一种矩形梁后点击复制（＋）—根据结构图纸的结构梁的型号进行尺寸设置—设置完成后在相应的结构梁位置进行绘制结构梁—绘制完成后确认放置高度无误后点击确定。

重复该步骤将二层结构梁绘制完毕。接下来开始绘制二层结构板步骤与一层结构板绘制方式一样，隐藏结构梁图纸后导入结构板图纸。对齐至轴线—按照结构图纸的参数进行结构板绘制。

三层结构建模步骤方法与一二层一致，需要注意的是三层结构梁有两根异形梁，需自定义截面梁进行绘制。

围绕其中心点进行轮廓绘制。

制作完成后，按参照图纸进行绘制。三层其余结构建模重复一、二层步骤。其中三层结构梁有部分折梁，绘制方式在于设置好矩形梁参数后，观察图纸，确定折梁高低点后，输入起点高度与终点高度进行绘制。

结构模型绘制完毕。

任务小结

BIMMAKE 的操作与快捷键大多与 Revit 可以互相通用，熟悉其中一款软件后可以做到无障碍切换。本次课程还介绍了结构板、结构梁、结构柱以及独立基础的绘制方式。

课后习题

单选题

1. 建筑工程信息模型精细度分为（　　）个等级。

A. 3   B. 4

C. 5   D. 6

2. 原有建筑物和拆除的建筑物在总平面图中图例表示的区别是（　　）。

A. 原有建筑物以细实线表示，拆除的建筑物以粗实线表示

B. 原有建筑物以细实线表示，拆除的建筑物以中粗虚线表示

C. 都用细实线表示，拆除的建筑物边线加 X 表示

D. 原有建筑物以细实线表示，拆除的建筑物以细虚线表示

3. 下列关于业主自主 BIM 应用管理模式的适用情况说法正确的是（　　）。

A. 适用的项目范围、规模大小较为广泛

B. 适用于规模较大、专业较多、技术复杂的大型工程项目

C. 适用于工程总承包项目等

D. 适用于中小型规模、BIM 技术应用相对较为成熟的项目

4. 建筑工程信息模型交付物分为（　　）类。

A. 5   B. 6

C. 7   D. 8

5. BIM 的英文全称（　　）。

A. Building Modeling   B. Build Information Model

C. Building Information Modeling   D. Building Information Model

答案：1. C；2. C；3. B；4. B；5. C

任务四　建筑建模

【任务导读】

（1）使用 Revit 进行建筑部分模型建立。

（2）统一各专业设计平台，实现多专业协同设计，实现多专业数据交流通畅。

（3）在设计过程中实现数据实时交流、多人同时查看和修改。建立三维模型效率高，从三维模型抽取施工图快捷、准确。

教学视频
码2-22

（4）依据于三维模型统计材料清册、设备器材表、物料清单。

【任务内容】

打开 Revit 选择样板文件，这里选择"建筑样板"。

打开软件后首先转到立面视图，根据建筑楼层高度来设置楼层标高。

建筑建模素材
码2-23

依次设置完毕后返回平面视图，选择上方选项卡区域的"视图"选项卡，单击"平面视图"，选择"楼层平面"，将未显示的楼层分别勾选，点击确定。

此时，楼层标高设置完毕。

接着开始导入图纸，点击"插入"，选择链接 CAD 图纸（注意：链接 CAD 图纸与导入 CAD 图纸的区别在于链接进来的图纸，如果文件有了更改，Revit 里面的参照图纸也会相应地更改，而"导入 CAD 图纸"则不会有此效果），找到拆分后的图纸，将其导入（注意，此时要将"仅当前视图"选项进行勾选，否则改图纸将会显示到 Revit 模型的三维视图，且"导入单位"默认为"自动"，要将其修改为"毫米"，且"图层 / 标高"选项这里，将默认选项"全部"修改为"可见"，否则其隐藏图层也会一起显示在 Revit 当中）。

导入图纸完成后，先对其进行轴网的绘制工作，单击"建筑"选项卡，选择"轴网"工具。

进入轴网绘制界面，这里选择"拾取"绘制方式。

逐一拾取纵向轴网，现在发现，拾取的轴网颜色为黑色，且中端不显示。

需要对其类型进行修改，退出轴网绘制命令，选择轴网，在左边属性面板轴点击"编辑类型"，进入修改界面。

此时，"轴网中端"默认选项为"无"，要将其修改为"连续"。将其"轴网末端颜色"修改为红色。

修改完成后，继续拾取轴网。拾取横向轴网，在拾取第一根横向轴网时，要将轴网数字改为字母，这样后面的轴网才会根据上一个字母自动往下延伸。

如需隐藏轴网一端符号，则选中该轴线，在需要隐藏的一端，将其取消勾选。

轴网绘制完毕后，开始建模。打开建筑图纸，观察墙体型号。

根据墙体型号创建对应墙体，然后在图纸对应地方进行绘制。

过程当中注意底部标高与顶部标高是否正确。

墙体绘制完成后，开始插入门窗。在此次模型建立中，因为并不提供门窗大样图，所以不强制要求建立门窗族，可采用系统自带族。打开建筑图纸，观察门窗型号。

确认型号之后返回 Revit，点击"插入"—"载入族"—"建筑"—"窗"—"普通窗"选好适当的族，然后将其载入进项目。

按照参照图纸进行摆放，如果摆放时与图纸门窗位置出现差异，可使用"对齐"命令进行调整。

接着插入门，按照型号设置好门后。

将其摆放至合适位置。依次插入门窗后，开始进行楼板的绘制，根据建筑图纸进行楼板绘制，选择"建筑"选项卡里的"楼板"工具需要进行降板处理的阳台卫生间等地单独绘制。

一层建筑绘制完毕后，重复一层步骤对二层建模。需要特别注意的是二层楼台的楼板建模。

该楼板需进行散水处理，楼板到出水口具有一定坡度，所以在建立楼板后，需将其选中在平面视图中进行操作，点击上方修改栏里的"形状编辑"里的"添加点"，在参照图纸的排水口中心确定。

如果不方便定点，可事先画两条参照平面线辅助定位。添加点后单击该点，会出现该点的高程设置，输入 −20。

由此可见，该楼板的上层面板已经出现了坡度。这时通过观察，发现由于楼板上层凹陷，导致下层出现了突出，这是因为该点影响了整个楼板。

要进行修改，选中该楼板，在左侧属性区域里点击编辑类型，然后点击结构里的"编辑"。

对其进行上下层区分，比如楼板整体厚度为 150，则将其拆分为上层面板 20，下层面板 20，中间结构层 110，然后将下层右方的可变勾选，意为下层不受其他可变因素影响。修改完成后点击确定，完成楼板修改完成后，开始对楼板开洞，将其出水口建立出来，使用建筑选项卡中的"洞口"—"竖井"命令。

选择圆形绘制方式在出水口圆心绘制竖井轮廓。

绘制完成后转到三维视图或者立面视图，调整竖井高度，露台楼板绘制完毕。

可以看到，二层阳台位置有一圈栏杆，可以直接使用建筑选项卡中的"楼梯扶手"工具进行直接绘制。

在二层平面视图中，点击"栏杆扶手"工具，按照参照图纸上的栏杆迹线进行绘制，点击确定，完成绘制。

选中栏杆后，在左侧属性面板中可以对栏杆高度、数量、形状进行编辑。自此，栏杆创建完毕。

3. 下图属于（　　）作图方法。

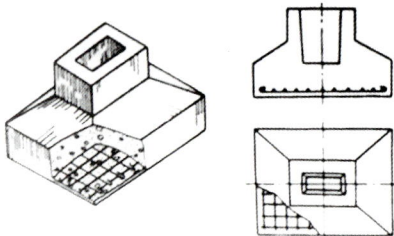

A. 移出断面图　　　　　　　　　　B. 重合断面图

C. 局部剖面图　　　　　　　　　　D. 中段剖面图

4.IFC 标准本质上是建筑物和建筑工程数据的定义。它不同于一般应用数据定义的地方，是采用了（　　）语言作为数据描述语言来定义所有用到的数据。

A.C++　　　　　　　　　　　　　B.JAVA

C.EXPRESS　　　　　　　　　　　D.BASIC

5. 平台软件指对各类 BIM 工具软件产生的 BIM 数据进行（　　），以便支持建筑全生命周期 BIM 数据的共享应用的应用软件。

A. 有效的管理　　　　　　　　　　B. 有效的建模

C. 有效的模拟　　　　　　　　　　D. 有效的检测

答案：1.A；2.B；3.C；4.C；5.A

任务五　Revit 后期设置

【任务导读】

本任务将对 Revit 各构件的设置进行拆分讲解，学习在建造过程中怎样合理调整参数，为后期模型建造打下基础。

【任务内容】

1. 屋顶工具的使用

Revit 提供了几种创建屋顶的方法：

①轨迹屋顶用轨迹线直接创建屋顶。

②拉伸屋顶通过拉伸绘制的轮廓来创建屋顶。

③面屋顶使用非垂直的体量面进行创建。

④屋檐在建筑模型中创建屋檐底板。

⑤屋顶封檐板，将封檐板添加到屋顶，檐底板或添加到模型线。

教学视频
码2-24

⑥屋顶檐槽，将檐沟添加到屋顶，檐底板添加到模型线。

2. 迹线屋顶工具的使用

①创建屋顶时使用建筑轨迹线定义其边界。按照轨迹线创建屋顶，需要打开楼层平面视图或天花板投影平面视图。创建屋顶时可以选用不同的坡度和悬挑，或者也可以使用默认值方便以后对其进行优化。

教学视频 码2-25

②创建几个简单的墙体来进行屋顶的创建，选择"建筑"墙体工具，选择矩形绘制，绘制四道墙体。选择"建筑"屋顶工具—迹线屋顶—选择创建到标高2。

③找到"修改｜创建屋顶迹线"，选择"边界线"，以为这个建筑为矩形可以直接使用"矩形线"进行直接的创建，在左上角选择定义坡度，偏移量设置为600。

④完成创建之后，点击小勾确定，系统将问是否希望高亮显示的墙附着到屋顶，选择"是"，系统将直接让墙体和屋顶附着，还可以切换到三维视图进行查看。

⑤确定完成之后，进行查看，如果发现不对，可以直接点击屋顶，在弹出修改的地方选择，编辑迹线，直接拖动墙体修改悬挑的值。

3. 拉伸屋顶的使用

通过拉伸创建屋顶，需要打开立面视图、三维视图或剖面视图，绘制屋顶轮廓时需要使用直线与弧的组合，以及参照平面，屋顶高度取决于轮廓的绘制位置。

教学视频 码2-26

需要创建四面墙体来对拉伸屋顶进行使用。

①选择拉伸屋顶，选择"创建一个平面"。

②选择一面墙体，为拉伸屋顶开始选择一个基点，点击确定，切换立面视图到南立面。

③选择"起点—终点—半径弧"从开始第一个点，到第二个点，绘制弧形的屋顶边，点击确定，把边缘墙体拖动到屋顶上。

4. 面屋顶的创建

面屋顶工具主要针对非垂直的体量面创建屋顶，创建面屋顶与之前创建屋顶方法不同，需要新建一个概念体量族，来创建面屋顶。

教学视频 码2-27

①打开菜单，选择"新建"—"概念体量"

②点击立面切换到东立面图，直接绘制一个异形的曲面，选择"创建"模型线选择"起点—终点—半径弧"绘制一个曲面。

③切换到三维视图中，选择创建形状，实心形状，完成创建后导入项目。

④载入项目中后，选择面屋顶，点击创建的概念体量上方的面，点击创建屋顶，完成创建。

5. 幕墙的使用

幕墙是一种外墙，附着到建筑结构，且不承担建筑的楼板和屋顶荷载。

教学视频 码2-28

在一般应用中，幕墙常常定义为薄的、带铝框的墙，包含填充的玻璃、金属嵌板或薄石。绘制幕墙时，单个嵌板可延伸墙的长度。如果所创建的幕墙具有自动幕墙网格，则该墙将被再分为几个嵌板。

①选择"墙体"工具，在"属性"面板当中，选择一个默认的幕墙，Revit 提供了三种幕墙：幕墙、外部玻璃、店面。这三种幕墙都是大同小异，选择第一个幕墙，在默认的绘图区域放置一个 2 400 mm 长的幕墙。

②切换到三维视图进行查看，首先需要修改它的高度，在"属性"一栏中，把无连接高度改为一个 3 000 mm 的高度。

③创建幕墙后，需要对幕墙放置网格。放置时，这些网格会捕捉到间距均匀的间隔或捕捉到可见标高，网格和参照平面，幕墙网格的每个剖面都用单独的幕墙嵌板填充。

④幕墙网格创建好后，选择"竖梃"工具，在幕墙网格上创建水平竖梃或垂直竖梃，点击"竖梃"幕墙上的线，一根一根点击即可，这样幕墙就创建好了。

6.楼梯工具

在 Revit 当中，提供了快捷创建通用楼梯、平台和支座的构件，可将楼梯添加到建筑模型中。

①创建楼梯，首先打开平面视图，一个楼梯梯段的踏板数是基于楼板与楼梯类型属性中定义的最大体面高度之间的距离来确定的。找到"建筑"楼梯工具，点击"楼梯"按构件直接进行创建。

②点击楼梯，选择直梯工具，在上方创建一个楼梯，然后在下方再创建一楼梯，当两道楼梯创建好之后，系统会在两道楼梯中间默认创建一个休息平台。

③创建好之后，点击完成，可以随意对楼梯进行拖拽，对楼梯的长宽、平台的长宽、梯面、踏面进行修改。

④创建完成后，点击"√"后 Revit 还会自动生成楼梯的扶手，还可以对楼梯扶手的样式进行修改，选择"属性"可以将楼梯扶手改为（玻璃嵌板—底部填充）。

7.坡道的创建

创建楼梯后，还可以创建坡道，添加坡道工具，也需要切换到 Revit 的平面视图当中进行，不仅可以创建矩形的坡道，还可以创建异形的坡道，下面来进行创建。

①选择建筑"楼梯"工具，坡道工具切换到标高 1 视图中，选择直线绘制工具，绘制一条坡道线。

②完成后，对它的高度进行修改，在属性对话框进行修改，修改它的顶部偏移，可以调整它的高度。

③还可以进行完全坡道的创建，点击"坡道"工具，选择圆心，短点弧进行创建。

教学视频 码2-29

教学视频 码2-30

④还可以对创建好的坡道的标高进行修改，选择顶部标高为无，将顶部偏移改为600 mm，修改其高度。

8.Autodesk Revit 洞口工具

使用"洞口"工具可以在墙、楼板、天花板、屋顶、结构梁、支撑和结构柱上剪切洞口。

在剪切楼板、天花板或屋顶时，可以选择竖直剪切或垂直于表面进行剪切，也可以使用绘图工具来绘制复杂形状。

教学视频
码2-31

在墙上剪切洞口时，可以在直墙或弧形墙上绘制一个矩形洞口（对于墙，只能创建矩形洞口，不能创建圆形或多边形形状）。

在结构梁、支撑和结构柱上剪切洞口的有关信息，请参见结构图元中的洞口。

还可以在结构楼板和层面板上剪切洞口。详细信息请参见结构楼板中的洞口。

创建族时，可以在族几何图形中绘制洞口。

洞口工具主要有以下几种：

①按面（可以创建一个垂直于屋顶、头板或天花板选定面的洞口）。

②竖井洞口（可以创建一个跨多个标高的垂直洞口，贯穿其间的屋顶、楼板和天花板进行剪切）。

③墙洞口（可以在直墙或弯曲墙中剪切一个矩形洞口）。

④垂直洞口（可以剪切一个贯穿屋顶，楼板或天花板的垂直洞口）。

⑤老虎窗洞口（可以剪切屋顶，以便为老虎窗创建洞口）。

9. 楼板工具

楼板工具，按照建筑当前的标高来创建楼板工具，当墙体绘制好了之后，需要为其添加一层楼板工具，一般通过建筑楼板工具来创建就可以了（图2-11）。

教学视频
码2-32

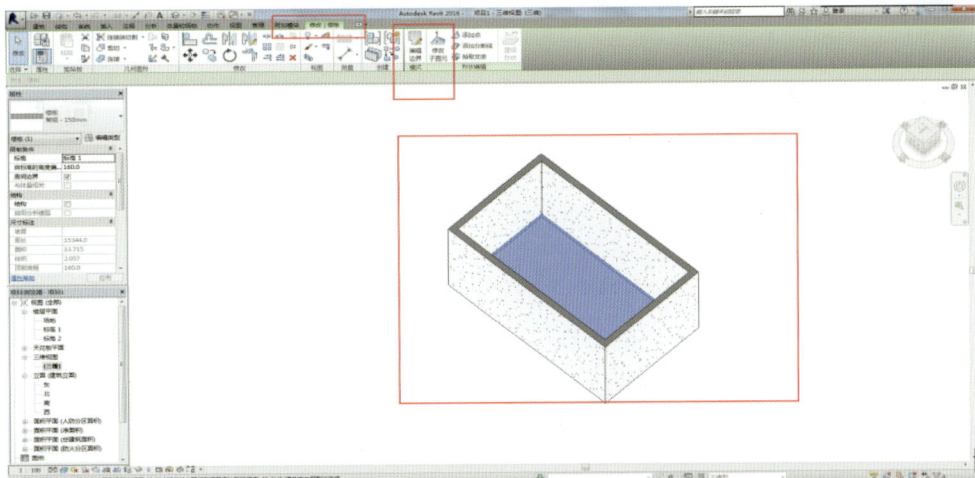

图2-11

当需要创建楼板工具，只需要根据需要创建的轨迹绘制线就可以了。例如，对一个空间创建楼板，点击"建筑"—"楼板"工具，围着需要创建楼板的区域绘制一个封闭的形状。

点击"√"，完成绘制，如果需要进行修改，直接选中楼板工具，点击编辑界限即可。

任务小结

本节课详细说明了 Revit 进行到后期时的阶段操作及工具使用方法。

课后习题

单选题

1.下列选项不属于 IFC 信息模型机器结构中四个概念层次的是（　　）。

A. 共享层　　　　　　　　　　　B. 业务层

C. 资源层　　　　　　　　　　　D. 核心层

2.下列选项不属于 BIM 技术在设计阶段的应用的是（　　）。

A. 可视化设计交流　　　　　　　B. 安全管理

C. 协同设计与冲突检查　　　　　D. 施工图生成

3.下列选项中说法不正确的是（　　）。

A. 一体化指的是基于 BIM 技术可将几何、材料、空间关系、进度、成本等多种项目信息集成于三维模型中，并对其进行综合应用

B. 建筑性能分析主要包括能耗分析、光照分析、设备分析、绿色分析等

C. 信息完备性体现在 BIM 技术可对工程对象进行 3D 几何信息和拓扑关系的描述以及完整的工程信息描述

D. 设计可视化即在设计阶段建筑及构件以三维方式直观呈现出来

4.下列不属于 BIM 技术在运维阶段应用的是（　　）。

A. 租赁管理　　　　　　　　　　B. 资产设备管理

C. 工程量自动统计　　　　　　　D. 能耗管理

5. 建筑工程信息模型精细度由建模精度和（　　）组成。

A. 信息粒度　　　　　　　　　　B. 模型存储空间大小

C. 构件种类　　　　　　　　　　D. 参数维度

答案：1.B；2.B；3.A；4.C；5.A

任务六　数字化"族"的创建

【任务导读】

本任务将对 Revit 族进行学习。

"族"是 Revit 中的一个必要的功能。可以更方便地管理和修改搭建的模型。它不像 Sketchup 模型那样仅仅是一个建筑表现，没有任何附加的关于项目的智能数据，对于想要用模型说明几何形体的人来说，了解每个建筑元件的表现是非常必要的。

【任务内容】

1.什么是 Revit 族

Autodesk Revit 中的所有图元都是基于族的。"族"是 Revit 中使用的一个功能强大的概念，有助于更轻松地管理数据和进行修改。每个族图元能够在其内定义多种类型，根据族创建者的设计，每种类型可以具有不同的尺寸、形状、材质设置或其他参数变量。

2.族工具的好处

在使用 Autodesk Revit Architecture 或 Revit MEP 进行项目设计时，如果事先拥有大量的族文件，将对设计工作进程和效益有着很大的帮助。设计人员不必另外花时间去制作族文件，并赋予参数，而是直接导入相应的族文件，便可直接应用于项目中。

使用 Revit 族文件，可以让设计人员专注于发挥本身特长。例如，室内设计人员，并不需要把精力大量地花费到家具的三维建模中，而是通过直接导入 Revit 族中丰富的室内家具族库，从而专注于设计本身。又如，建筑设计人员，可以通过轻松的导入植物族库、车辆族库等，来润色场景。只需要简单地对图形和标识数据进行修改，而不必自行去重新建模。

3.族工具的类型

Autodesk Revit 有三种族类型：系统族、标准构件族、内建族。

（1）系统族

系统族是在 Autodesk Revit 中预定义的族，包含基本建筑构件，如墙、窗和门。基本墙系统族包含内墙、外墙、基础墙、常规墙和隔断墙样式的墙类型。可以复制和修改现有系统族，但不能创建新系统族。可以通过指定新参数定义新的族类型。

（2）标准构件族

在默认情况下，在项目样板中载入标准构件族，但更多标准构件族存储在构件库中。使用族编辑器创建和修改构件，可以复制和修改现有构件族，也可以根据各种族样板创建新的构件族。族样板可以是基于主体的样板，也可以是独立的样板。基于主体的族包括需要主体的构件。例如，以墙族为主体的门族。独立族包括柱、树和家具。族样板有助于创建和操作构件族。标准构件族可以位于项目环境外，且具有 .rfa 扩展名。可以将它们载入项目，从一个项目传递到另一个项目，而且如果需要还可以从项目文件保存到库中。

（3）内建族

内建族可以是特定项目中的模型构件，也可以是注释构件。只能在当前项目中创建内建族，因此它们仅可用于该项目特定的对象，例如，自定义墙的处理。创建内建族时，可以选择类别，且使用的类别将决定构件在项目中的外观和显示控制。

（4）族的创建"桌子"

首先打开 Revit 为项目创建一个桌子，找到族新建，单击鼠标左键弹出对话框选用公制家具 .rft 格式文件。

创建桌子的桌面，找到创建拉伸创建桌面，单击"拉伸"，选择直线工具，输入尺寸。

教学视频
码2-33

在修改桌面创建四个弧形的边缘，首先需要找到参考平面绘制四条参考线。

再找到"修改"—"创建拉伸"—"起点中点半径弧"工具把直角边缘创建为弧形。

用倒角工具为其倒角，找到修改创建拉伸里面的倒角工具将其倒角完成后，点击"√"。

切换到立面视图，看到立面桌面太高，那么修改桌面的厚度。

改好后，又切换到平面视图，创建桌子的桌脚，找到拉伸工具单击，在"建筑"—"模型线"里面再找到圆工具在桌面上绘制四个圆。

绘制好了之后单击"确定"完成圆桌角的绘制切换到三维视图修改高度。

修改桌面高度，取消关联工作平面，将桌面高度改为 800 再将桌角用拖拽的方式拖到桌面底面。

绘制好了之后把桌子、桌角创建成组，就可以载入到项目当中进行应用。

任务小结

族类型在 Revit 族中起到了画龙点睛的作用，当你画好一个族文件，它只是一个观赏的样子罢了，没有任何的参数、尺寸，起不到什么作用。若想让它成为一个包含了很多参数的"数据库"，就必须要在族类型里面添加参数。

课后习题

单选题

1.关于 BIM 应用软件的分类描述不正确的是（　　）。

A.Revit 软件既是基础软件,也是 BIM 工具软件

B. 基础软件建立的 BIM 数据可以为多个 BIM 应用软件所使用

C.BIM 平台软件一般为基于 Web 的应用软件,能够支持工程项目各参与方及各专业工作人员之间通过网络高效地共享信息

D. 利用建筑设计 BIM 数据,进行能耗分析软件、日照分析软件、出图软件、4D 进度管理软件、成本预算软件等属于基础软件

2.BIM 的参数化设计分为参数化图元和（　　）。

A. 参数化操作 　　　　　　　　　 B. 参数化提取数据

C. 参数化修改引擎 　　　　　　　 D. 参数化保存数据

3.BIM 的可出图性特征主要指的是基于 BIM 应用软件,可实现建筑设计阶段或施工阶段所需图纸的自动出具,下列选项不属于 BIM 可出具的图纸的是（　　）。

A. 建筑平、立、剖及详图 　　　　 B. 碰撞报告

C. 构件加工图 　　　　　　　　　 D. 结构应力云图

4.下列四项 IFC 框架层能被其中另外三层引用,属于 IFC 模型结构中最基本的是（　　）。

A. 资源层 　　　　　　　　　　　 B. 核心层

C. 共享层 　　　　　　　　　　　 D. 领域层

5.目前,BIM 与 3D 打印技术的集成应用主要有三种模式,其中不包括（　　）。

A. 基于 BIM 的整体建筑 3D 打印 　 B. 基于 BIM 的复杂构件 3D 打印

C. 基于 BIM 的建筑场地 3D 打印 　 D. 基于 BIM 的模型微缩 3D 打印

答案:1.D; 2.C; 3.D; 4.A; 5.C。

模块三
方案表现应用

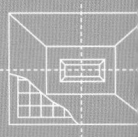

VDP 产品是运用虚拟现实 VR、增强现实 AR 等先进技术的沉浸感、互动感、真实感，结合相关硬件与软件。围绕着学生的识图能力、制图与表现能力、设计能力、施工组织与管理能力，构建以工作过程为导向、以任务为驱动的课程体系，解决理论教学和实践教学方面诸多难题。

VDP 平台完美支持常用的 Unity、3Dmax、Revit 等 3D 模型设计软件，通过后台生成 AR、VR 展示效果。对企业而言，用户可以通过 AR 进行户型展示、比选、讲解等操作，同时一键生成 VR 方案，沉浸式体验真实的虚拟样板间户型，在加深对户型认知的同时提升企业品牌形象。对院校而言，将 VR、AR 技术引进高校教学课堂，有助于提升老师的教学效率，提高学生的学习兴趣。

任务一　设计绘图环境设置

【任务导读】

BIMVR（Building Information Modeling in Virtual Reality）是将 BIM（建筑信息模型 Building Information Modeling）和 VR（虚拟现实 Virtual Reality）结合起来的一种先进的技术手段。

【任务内容】

1. 软件注册安装

软件安装成功后需要进行对应的注册和登录操作，Unity 软件需要手动注册，

教学视频
码3-1

此步骤不可跳过，否则无法正常打开 VDP 软件；同时 VDP 软件需要注册，仅需要登录即可。

（1）Unity 软件注册及安装

在使用 VDP 软件之前，需要先注册 Unity 账号密码，并成功登录 Unity 后即可使用 VDP 软件。下面介绍 Unity 的注册方法：

①点击打开 Unity 引擎端并点击下面注册按钮（图 3-1）。

②点击后出现注册界面、拖动至最下方（图 3-2）。

③转换语言后进行注册（图 3-3）。

④根据提示设置登录密码，注意需要进行图标筛选（图 3-4）。

⑤进入邮箱进行激活（注意：Unity 激活邮件的步骤必不可少，否则账号将无法正常登录）（图 3-5）。

⑥注册成功后，打开 Unity 程序输入账号密码并登录（图 3-6）。

（2）VDP 软件登录

VDP 虚拟设计平台的账号和密码均是已开通的手机号，直接在登录界面输入即可。

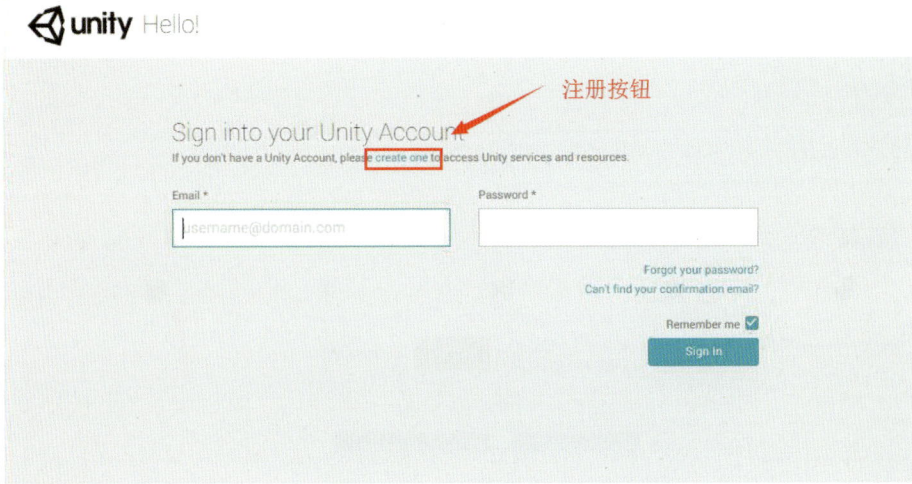

图 3-1

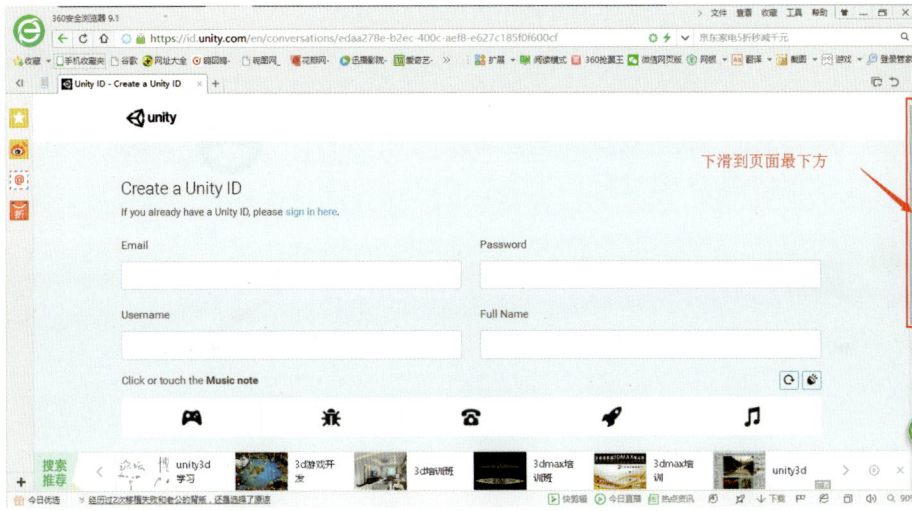

图 3-2

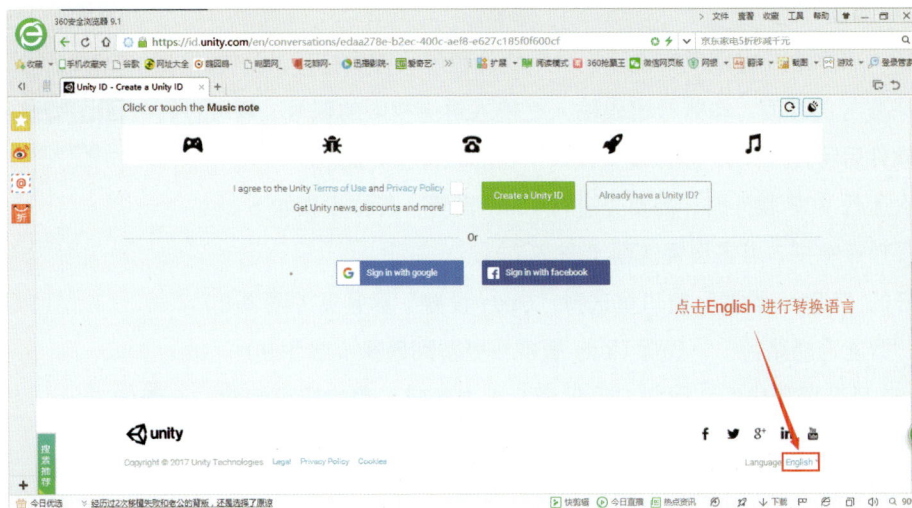

图 3-3

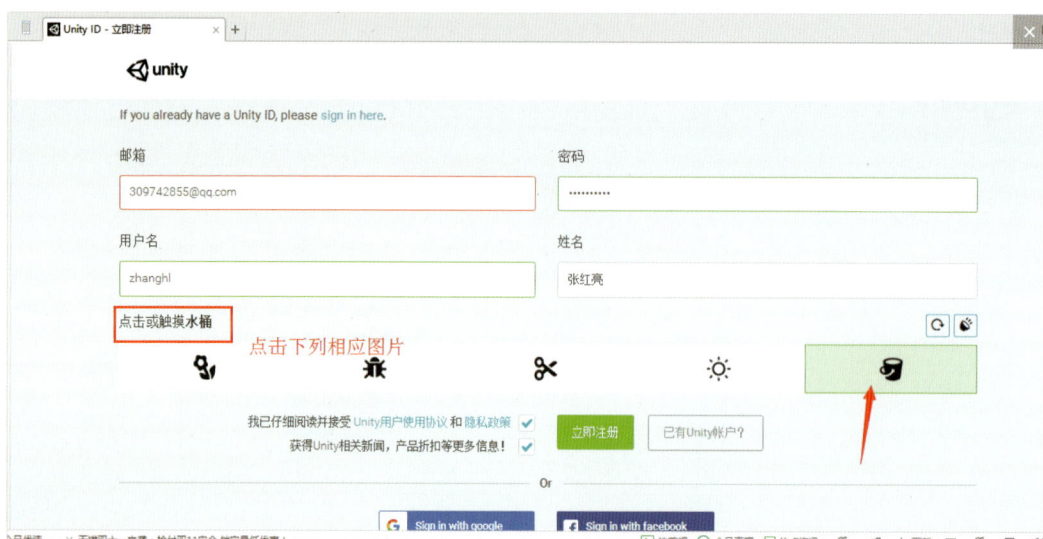

图 3-4

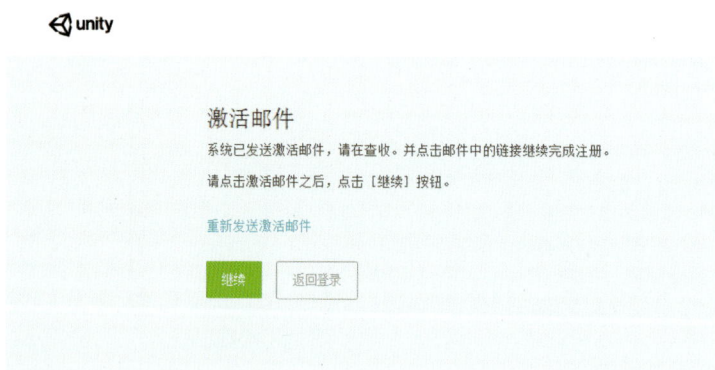

图 3-5

图 3-6

2. VDP 软件界面设置

（1）VDP 界面介绍

双击运行"VDP2019 虚拟现实设计平台"软件程序。首次打开 VDP 软件将直接进入登录账号的界面，在账号密码输入栏输入对应权限的账号，即可进行登录，登录软件后将打开 VDP 虚拟现实设计平台的软件主界面。

教学视频
码3-2

通常首次运行 VDP 软件时，需要先进行 Unity 设置，具体步骤如下：

①选择管理标签页，点击设置选项（图 3-7）。

②在打开的"VDP—设置"窗口里选择"Unity 设置"标签页（图 3-8）。

③选择"智能选择路径"，确保 Unity 版本号更新到最新（图 3-9）。

④Unity 路径设置完成后，回到工程设置，点击新建工程按钮可创建一个新的工程，并在弹出的对话框里输入工程名称。

⑤建立工程后进入制作主界面，把检查窗口关闭。

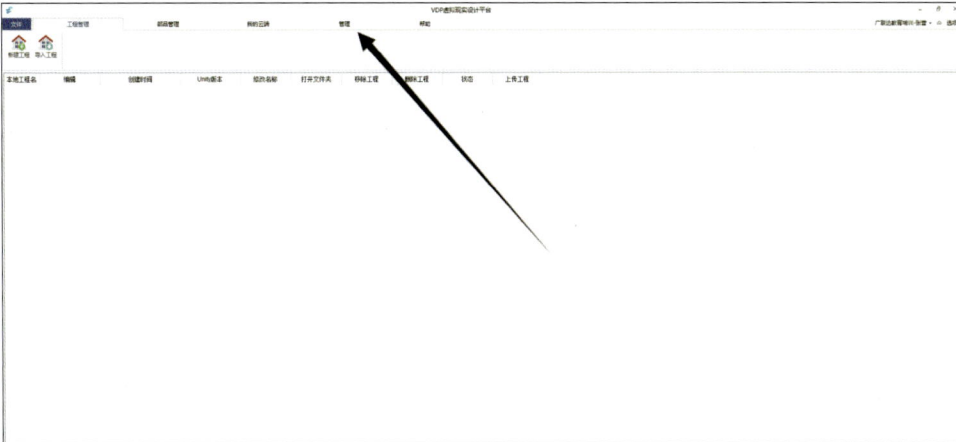
图 3-7

图 3-8

图 3-9

　　首先进行语言设置，如界面为英文，需选择工具栏中"设置"—"语言"—"中文"，进行界面语言修改，界面介绍。

　　菜单栏：以调取软件内各种命令，实现构件的创建、修改、删除，交互脚本的添加及一些软件设置等。

层级构件节点区（简称模型树）：以层级的方式一层层组织场景中所有的构件，上一层级称为下一层级的父级，下一层级称为上一层级的子级，因为像一棵大树所以又称为模型树。

模型编辑区：用以对场景进行视角的旋转或推拉，对创建的模型进行位置的变换等操作。

构件属性区：会显示所选中的构件的属性，每个属性又包括多个组件，用以体现该物体不同的属性特点，该灯光下有 2 个组件，为变换属性和灯光参数属性。

文件资源区（简称资源库）：用以组织图片、文档、视频、脚本等资源，以文件夹的形式管理这些资源。

（2）VDP 基础操作

VDP 软件基础操作包括创建模型和快捷键操作，掌握软件基础操作是创建优秀的BIMVR 场景的首要条件。通过本任务的讲解，可熟悉 VR 场景模型将如何创建，同时了解VDP 常用快捷方式。

VDP 软件中的模型来源有 2 个途径：第一可直接导入其他软件的工程文件，如 fbx、3ds、obj、skp、rvt、igms 等，第二可在 VDP 中直接创建简单的几何体。

下面就创建几何模型为例讲解如何操作：

①在层级构件节点区，右键选择添加 3D 物体——立方体，模型编辑区即出现了立方体。

②在层级区左键选中立方体按住拖拽至模型文件下。

（3）快捷键操作方式

下面介绍 VDP 软件相关快捷键操作：

①点击"平移"选项或使用快捷键 Q，模型编辑区会出现手掌形图标，可进行平移视角操作。

②点击"移动"选项或使用快捷键 W，模型编辑区立方体会出现 X\Y\Z 轴方向箭头，选择箭头方向拖拽可对应箭头方向移动。

③点击旋转选项或使用快捷键 E，模型编辑区立方体会出现 3 条旋转方向线，任意线条拖拽，可进行对应方向旋转。

④点击"缩放"选项或使用快捷键 R，选择中心点拖拽，可进行整体放大缩小。

⑤选择"矩形"工具选项，选择模型对应角点进行拖拽，放大缩小，适用于门窗对齐应用场景。

⑥综合应用功能，集缩放、旋转、移动于一身。

⑦在模型编辑区，持续按住鼠标右键，键盘通过 W（前）、S（后）、A（左）、D（右）进行第一视角的前、后、左、右移动。

✒ **任务小结**

> 了解 VDP 虚拟现实设计平台的产品体系，同时掌握软件注册的内容和步骤。根据官方提供的安装包链接，成功下载软件安装包到本地，通过任务讲解的注册步骤，成功注册 Unity 软件，并最终成功登录 VDP2019 虚拟现实设计平台和 BIMVR2019 平台。

📝 **课后作业**

> 注册并安装软件，熟练掌握该软件缩放旋转移动功能，掌握基本快捷键的运用。

任务二 导入 BIM 建筑信息模型

教学视频
码3-3

【任务导读】

掌握从 Revit 软件中导出后缀名为 .zsw 工程文件的技巧，掌握调整模型场景，深入调整灯光效果的技巧。

【任务内容】

VDP 虚拟现实设计平台可支持多种建模软件的工程文件，如 BIMMAKE、3Dmax、Revit、草图大师等，而安装 VDP 软件后将自动安装 VDP-Revit 导出插件，通过该插件能够更好地将 Revit 场景进行导出，保证模型信息、材质信息和 BIM 信息都完整保留。具体导出步骤如下：打开模型（图 3-10）—导出模型（图 3-11）—导入模型（图 3-12）。

图 3-10

图 3-14

②模型编辑区出现聚光灯模型，选中聚光灯，按键盘 F 键，可以切换到最佳视角。将聚光灯移动到靠近墙边的位置。

③设置聚光灯参数，修改检查器—灯光—范围 / 聚光灯角度 / 强度，将范围修改为 3，将角度拉大，将强度加强。

（注意：灯光的范围单位是米，角度调整是聚光灯特有的属性）

（4）照明设置

照明设置是用来从宏观上调节场景渲染质量的，包括场景的明暗、烘焙参数等，此处着重讲场景明暗控制（图 3-16）。

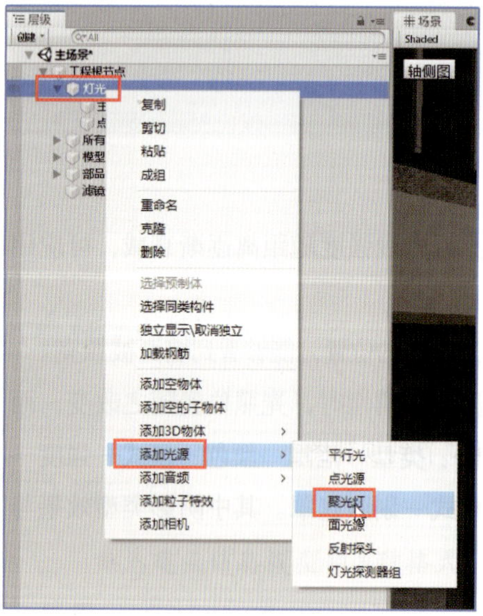

图 3-15

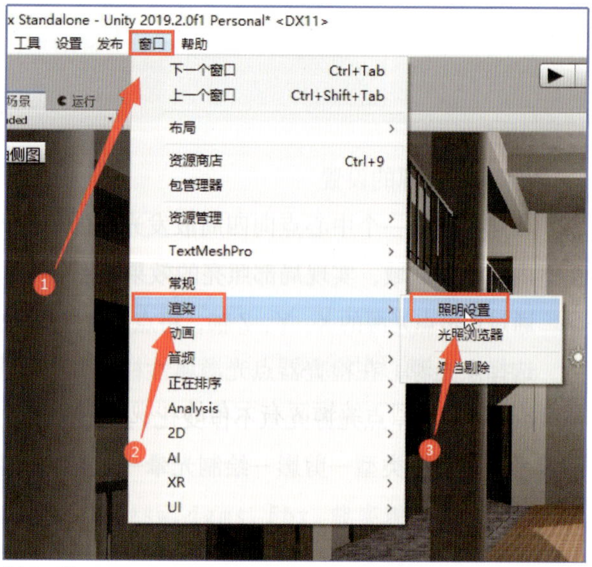

图 3-16

除了调节灯光参数达到室内的光亮,还可以通过照明设置来调节室内亮度。点击菜单栏—窗口—渲染—照明设置。

将弹出的照明设置窗口移动到右侧属性面板里,鼠标放到照明参数框左上角的照明两个字上,按下鼠标左键不放,拖动该框到右侧与检查器并列后松开左键。

打开照明设置属性面板,可见天空颜色、赤道颜色和地面颜色默认是灰色,点击灰色方框,在弹出的颜色拾取界面中将调色盘颜色适当调亮,用户细心观察建筑内整体氛围,地表颜色和天花板颜色,将会因新的设置而发生变化,场景中的明暗亮度也已发生变化。

2. 材质调节

下面主要讲解有反射光泽的地砖的通用做法。

（1）地砖材质调节

进入场景后,选中室内的防滑砖,右侧检查器—材质球,可以看到反射率已有材质贴图,点击贴图,可以在资源编辑区看到贴图及其路径（图 3-17）。

教学视频
码3-6

图 3-17

防滑砖属于非金属材质,故不需要调节金属度;点击调节平滑度,可以看到模型编辑区的防滑砖变得光滑。

（2）反射探头的设置

反射探头能够影响模型的反射效果,属于辅助光源。

①在层级区—灯光点击右键,选择添加光源—反射探头,添加反射探头,添加后的场景变亮,地面可以看到反射效果。

②点击"模型"编辑区右上角的"视图切换"工具调节到顶视图。

③点击菜单栏—视图—线框显示,将视图切换为线框模式。

④点击右侧检查器—反射探测器,通过点击拖动模型编辑区出现的边框节点,调整反射区域大小,顶视图调节完毕后切换视图将区域调整到包含整个大堂。

⑤在模型编辑区左上角点击"选择"Wireframe-Shaded,切换为 shaded 类型。

⑥对反射探头属性参数进行调节，点击勾选盒投影，加强对立方体的投影。

⑦在模型编辑区点击选择地面，在右侧材质球属性栏修改平滑度为 0.8，完成对地砖材质的优化。

（3）玻璃材质调节

在模型编辑区选中玻璃模型（图 3-18）。

图 3-18

由于玻璃较为光滑，在右侧材质球属性参数调节中，将平滑度调高；再通过颜色拾取，调节玻璃的材质颜色偏蓝。

（4）金属门框材质调节

①在模型编辑区选中金属门框模型，调节材质球中金属度与平滑度的参数，金属度调节约 0.7，平滑度调节约 0.9。

②在模型编辑区中，选中一个模型作为镜子，此次选择一扇门作为示例模型。

③在资源管理区空白处单击右键—创建—材质，创建新的材质球，命名为镜子。

④选择新创建的材质球，左键按住不放拖动材质球到镜子模型上。

⑤调节镜子材质球的金属度和平滑度参数，分别调整到数值 1，镜子材质优化完毕。

（注意：镜子的反射效果受反射探头的影响。镜子所在场景需要有反射探头，且镜子模型处于反射探头的区域范围内）

（5）水材质调节

①添加平面（图 3-19）：由于场景中无水面，故移动视角到二楼阳台，将阳台添加水面，作为水池模型。在层级区点击模型—右键—添加 3D 物体—平面，添加作为水面。通过拖动 X、Y、Z 轴移动平面到合适的位置。通过工具栏的矩形工具（键盘快捷键 T）调整平面大小到与阳台大小一致。

图 3-19

（注意：在 VDP 中建立的平面是有正反面区分的，平面的正面能被看到，反面不能被看到，会是透明的效果）

②导入水材质资源包：点击菜单栏—模型—导入资源包，在弹出的提示框中选择文件路径，左键选择需要导入的资源，点击右下角打开，其中资源包文件格式为 .unitypackage。打开后点击右下角导入。

③水材质调节：导入完成后，资源管理区出现 DCG Shaders 文件夹，打开 Assets- DCG Shaders-Water Shader-Materials 文件夹。选择第四个材质球，左键按住不放拖动材质球到平面模型上。对水材质参数进行调节，修改 Foam Distance 参数约为 1，调节泡沫距离；修改 Foam Intensity 参数约为 -0.9，调节泡沫密度；修改 Scalecan 参数约为 1.48，调节水的程度；修改 Water Opacity 参数为 1，调节水的不透明度。可点击模型编辑区上方的运行按钮，然后点击编辑区左上角的场景，切换到场景模式，查看水波的动态效果。选中水面模型，可根据水面动态效果，在右侧属性栏调节参数。其中 Gloss 调节水面反光，Waves Tile Scale 调节水波浮动的程度，Displacement Speed 调节流动速度。

（6）石材材质调节

①打开 VDP V4.0 基础教程资源包—02- 第二章 VDP 效果详解—贴图，选择石材文件夹，Ctrl+C 复制（图 3-20）。

②在资源管理区空白处单击右键，在文件中显示，打开 Assets 的文件目录，双击 Assets 文件夹。

③打开后，按键盘 Ctrl+V 将石材粘贴到该文件夹，石材贴图即被导入。

（7）混凝土构件材质调节

①双击打开石材文件夹，在模型编辑区选中需要调节材质的模型（图 3-21）。

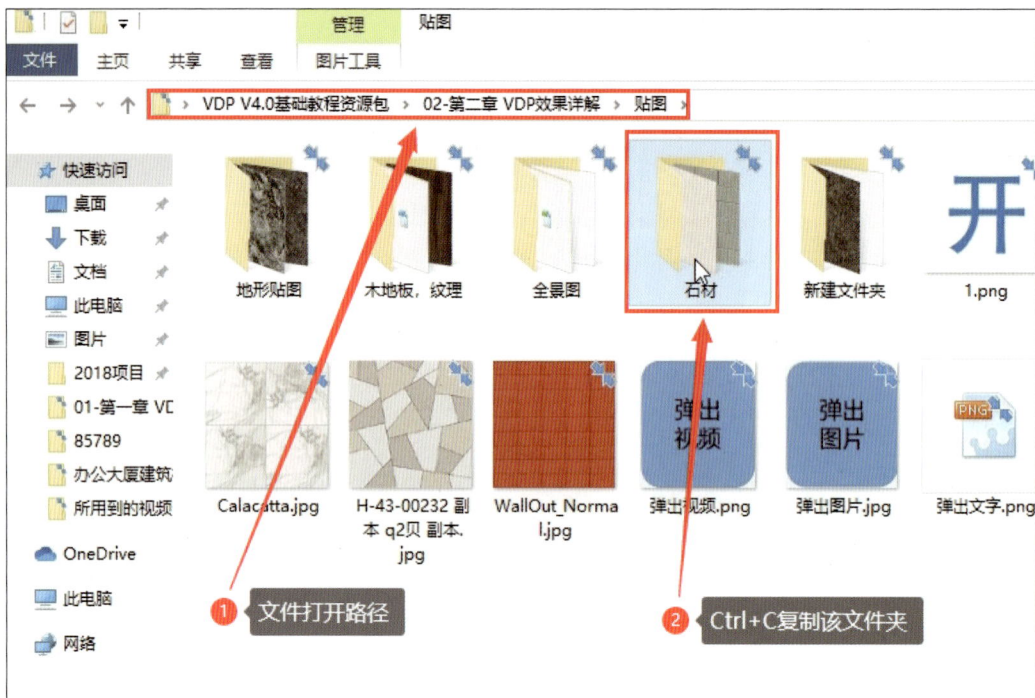

图 3-20

图 3-21

②在资源管理区选中一个材质，将其拖动到材质球—反射率贴图，模型即被添加新材质。

③在资源管理区的石材贴图中，选中之前使用的材质，按键盘 Ctrl+D 复制。

④选中模型，将复制得到的材质拖动到右侧属性栏—材质球—法线贴图；拖入后法线贴

图下方提示"此纹理未标记为法线贴图",点击右下角现在修复。

⑤修改法线贴图的参数为 - 0.2,石材效果调节完毕。

(8)木质效果调节

①导入木纹资源包(图3-22):打开 VDP V4.0 基础教程资源包—02- 第二章 VDP 效果详解—贴图,选择木地板、纹理文件夹,按键盘 Ctrl+C 复制。在资源管理区空白处右键—在文件中显示,打开 Assets 的文件目录。双击 Assets 文件夹打开后,按键盘 Ctrl+V 将石材粘贴到该文件夹,木地板、纹理贴图即被导入。

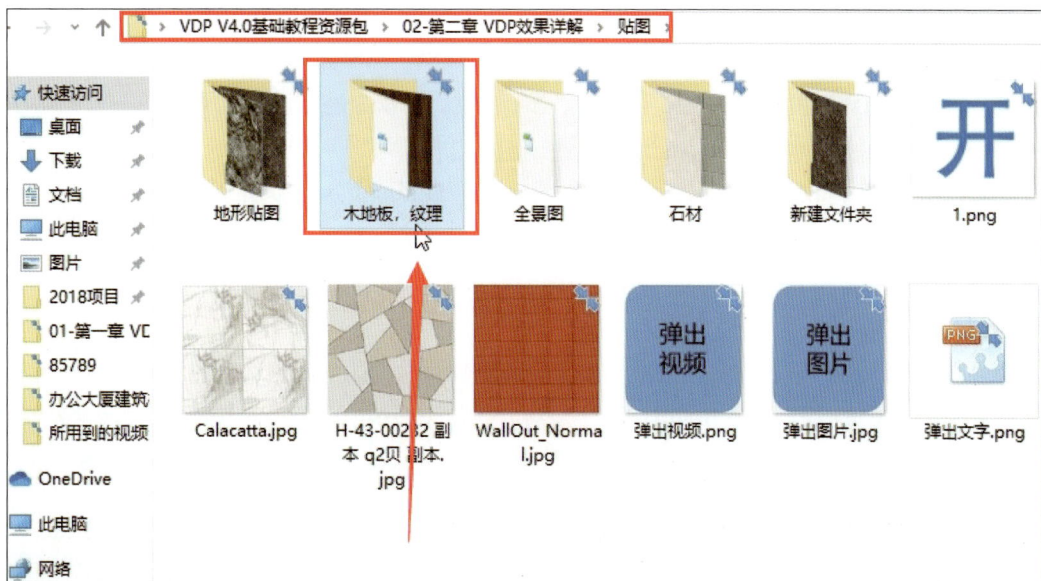

图 3-22

②赋予木纹材质:在资源管理区双击打开木地板、纹理文件夹,在模型编辑区选中需要添加新材质的模型,选择一个材质,将其拖动到材质球—反射率贴图,模型即被添加木纹材质。

③调整木纹材质参数:木质不需要调节金属度,但需要调节平滑度。将材质平滑度参数调节到约 0.8。选择资源管理区的紫色贴图,将其拖动到右侧属性栏—材质球—法线贴图,增加木材纹理,木质效果制作完成。

任务小结

　　本任务将以 Revit 模型为原场景,对模型中各类构件进行不同材质的优化过程进行学习,根据对应构件的特点进行优化调整相对应材质,达到模型材质效果优化的目的,过程中需要掌握相关模块的操作步骤和重点内容。

课后作业

　　依次完成所有材质替换。

任务四　数字化表现出图

【任务导读】

通过对模型中构件"AO 特效""光晕特效"及"色调滤镜"的调整，掌握调整、优化特效的技巧。

【任务内容】

教学视频
码3-7

1. 导入滤镜特效

滤镜特效是基于滤镜相机这个相机加上的镜头特效，能够对场景呈现的画面进行美化，如对比度、饱和度、曝光度、AO 特效、光晕等进行设置，类似于一张原图在 Photoshop 或美图秀秀中进行了画面增强处理（图 3-23）。

在层级区选中滤镜相机，点击菜单栏—效果—滤镜—导入滤镜资源；导入后，滤镜选项中可以看到 Bloom 闪亮特效、运动模糊、AO 阴影特效、色调、抗锯齿、人眼适应滤镜效果。

2.AO 特效

AO 即环境遮挡（Ambient Occlusion），它表示物体与物体之间因为遮挡关系而引起的对环境光的接收程度。例如一个房间中，位于比较开阔位置的点，如大厅的地板，桌子的桌面等，因为较少有物体对其遮挡，则接收的环境光就越多，而位于桌底、墙角、缝隙等位置的点，则因为更容易受到遮挡，其接收到的环境光照就越少。

简言之，AO 会影响面与面接缝处的阴影效果，使场景看起来更为立体。当设置时，需留意诸如墙与顶板交界处，梁与顶板交界处等，会有阴影效果（图 2-24）。

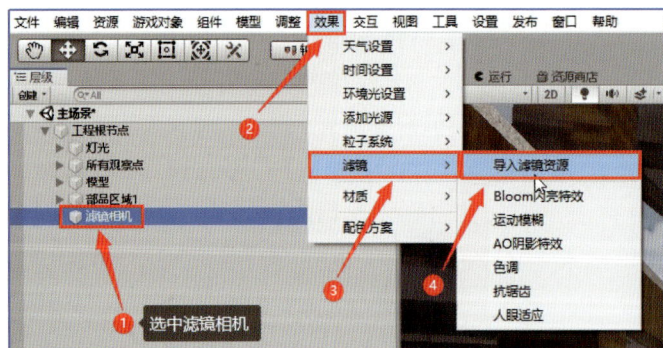

图 3-23

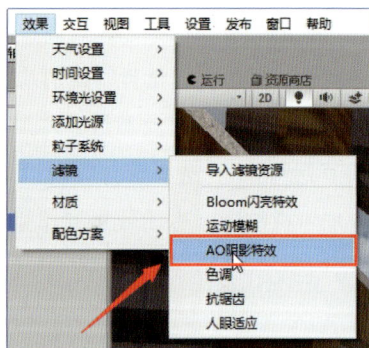

图 3-24

添加阴影特效：点击工具栏"效果"—"滤镜"—"AO 阴影特效"，在左侧层级区出现全局滤镜设置节点。对环境光遮蔽参数进行调节，Mode 修改特效模式；Intensity 修改阴影特效强度；Radius 修改阴影特效距离；Quality 修改阴影特效质量；Color 修改阴影特效颜色。具体修改效果学习者可操作尝试，灰色字体参数只需勾选即可调节。参数界面 3. 光晕特效，光晕特效是对场景中自发光的物体进行画面增强，将使该物体的光泛出光晕，产生梦幻的感觉。

添加 Bloom 闪亮特效：在层级区选中滤镜相机，点击菜单栏"效果"—"滤镜"—"Bloom 闪亮特效"，添加 Bloom 特效（图 3-25）。

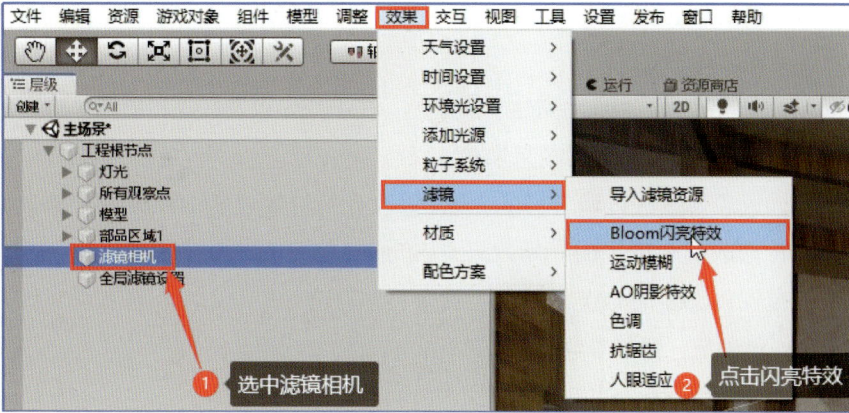

图 3-25

3. 新建灯片

①在资源管理区空白处单击右键选择"创建"—"材质"，创建一个新的材质球，命名为"红灯"（图 3-26）。

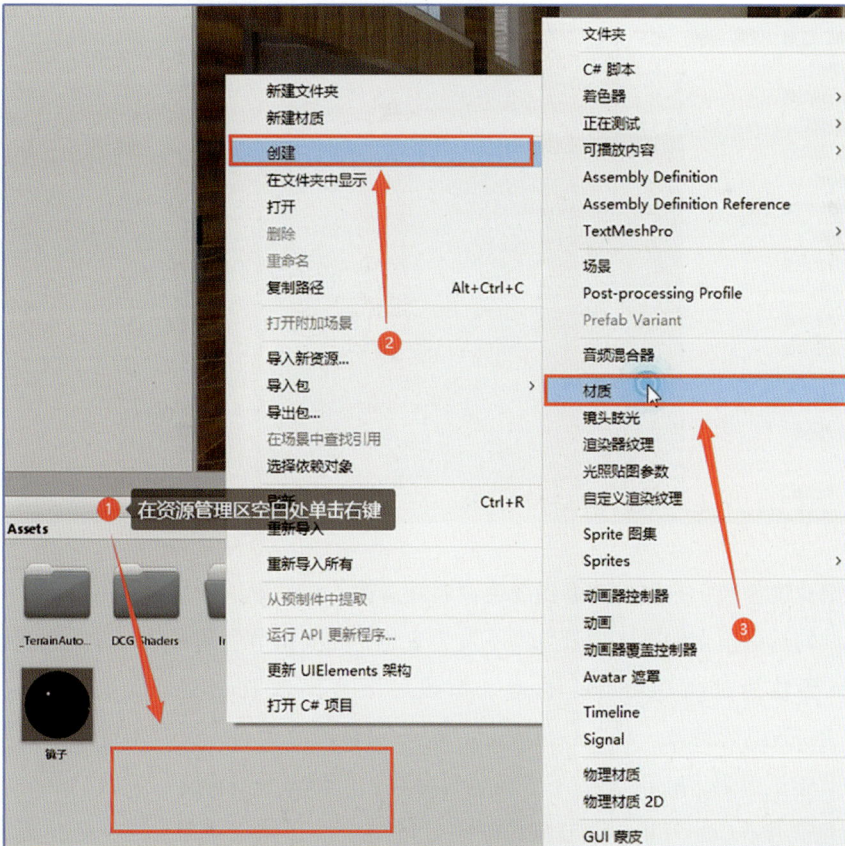

图 3-26

②在右侧检查器材质球属性栏选择"反射率"—"颜色拾取"，将材质球的颜色调节为正红色。

③在材质球属性栏勾选自发光，点击自发光下方的颜色拾取，将材质球的 HDR 颜色调节为正红色，达到红灯的效果。

④在资源管理区将材质球拖动到柱子模型上，柱子变为散发红光，周围并有光晕效果。

⑤取消勾选 Bloom 特效，光晕效果取消。

⑥对环境光遮蔽参数进行调节，Intensity 修改光晕特效强度；Threshold 修改光晕起始亮度；Soft Knee 修改整间屋子的光晕效果；Diffusion 修改光晕散发距离；Anamorphic Ratio 修改光晕高度范围；Color 修改光晕颜色。其余具体修改效果学习者可操作尝试，灰色字体参数只需勾选即可调节，调节参数界面。

4. 色调滤镜

色调滤镜类似于 Photoshop 的调色工具，能够对画面对比度、饱和度、曝光率等进行控制，该操作不会真正改变模型本来的颜色，但会影响画面的观感。

①添加色调滤镜：在层级区选中滤镜相机，点击菜单栏"效果"—"滤镜"—"色调"，添加色调滤镜特效（图 3-27）。

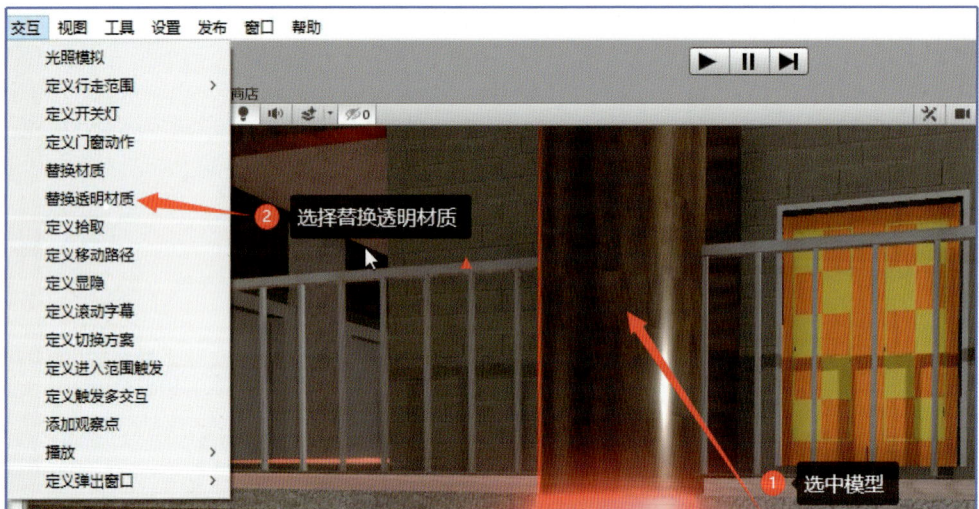

图 3-27

②色调滤镜参数：右侧检查器出现色调属性参数，属性默认未勾选，需要手动勾选。勾选后参数。勾选后模型编辑区场景色调不发生变化，需要调节色调参数，以达到滤镜优化。修改 Mode 参数为 High Definition Range。修改后下方出现 Tonemapping-Mode，勾选 Mode 后，选择 ACES 电影特效。将 Tonemapping-Mode 参数修改为自定义，出现的新参数学习者可自行调节尝试效果，Mode 参数下方为色温参数，可调节光线温度。参数 Post-exposure 用于调节颜色亮度；Color Filter 调节颜色明暗，可用于设置阴天效果；Hue Shift 调节色相；Saturation 调节饱和度；Contrast 调节明暗对比度。

5.树木、风区场景设置

（1）树木场景设置

①在菜单区选择"模型"—"导入通用资源"（图3-28），并选择对应的树木资源包导入。

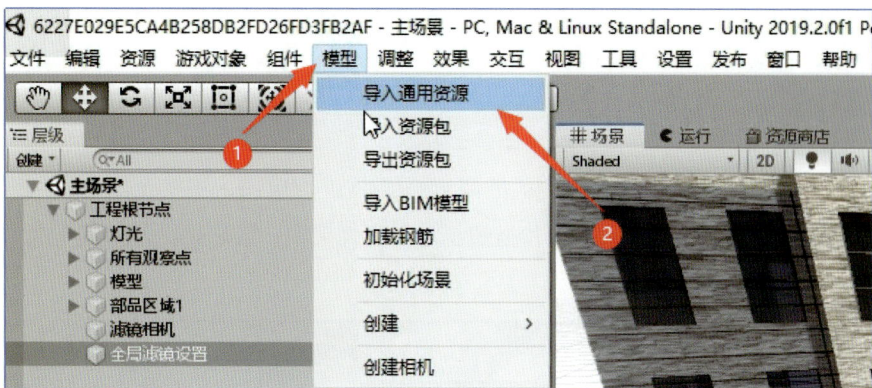

图3-28

②在资源管理区选择"Assets资源库"—"Nature pack自然包"—"Nature自然"—"Models trees树木模型"，打开后可以看到树木的资源。

③批量选中树木模型，在模型属性框中的蓝色方格后勾选即可显示树木模型。

④选中其中一个树木资源拖拽到模型编辑区，即可在途中显示对应树木模型；使用缩放命令可对树木图元进行放大缩小，使用Ctrl+D复制多个树木并选中移动，完成多个树木场景布置。

⑤通过选中"构件模型层级框"中的模型节点右键创建空对象，对树木节点完成名称修改，ctrl批量选中树木节点鼠标左键拖拽至树木节点中，完成树木层级归类。

（2）风区场景设置

①通过选中"构件模型层级框"中的模型，右键选择创建"3D对象"创建"风区"（图3-29）。

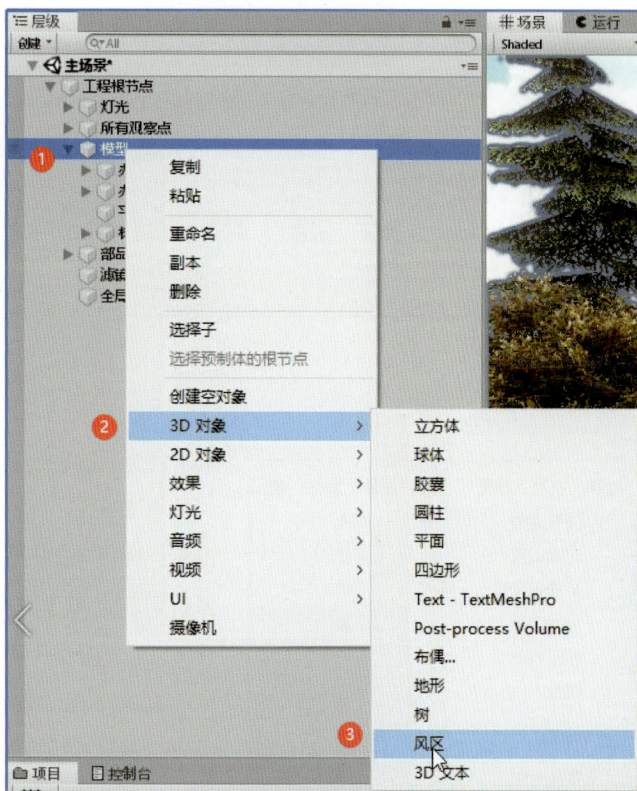

图3-29

②选择"模型编辑区"上方的运行，切换至"运行"界面，会进入摄像机视角，选择切换至场景视角，即可看到"风"运行情况；

③通过在属性框中修改"主要"和"湍流"两项属性的数值，可以改变风吹动的速率，切记在静止状态下修改，如在播放状态下修改，数值会恢复原值。

6. 天空场景设置

选中全景图"天空"图片，全景图片可百度搜索全景图搜集，复制到通过路径文件夹下的任意区域，即可在资源管理区显示（图 3-30）。

选中天空图片，在属性区纹理形状把 2D 改为 3D 进行应用，切换至照明属性框，打开天空盒材质，然后把资源库中天空图片拖拽至晴天文件夹中，最后把图片拖拽至天空原图片内进行替换，完成天空场景替换。

图 3-30

7. 四季天气场景设置

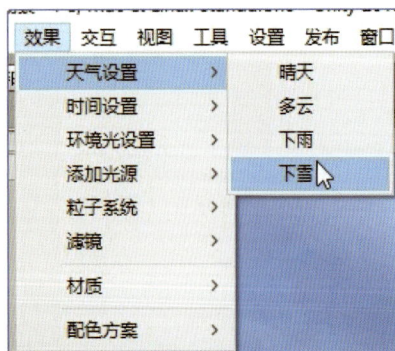

图 3-31

（1）冬季天气

在菜单栏"效果"中选择"天气设置"，"下雪"设置，选择"运行"，切换运行界面再切换至场景界面，即可看到冬季下雪效果（图 3-31）。

（2）雨季天气

在菜单栏"效果"中选择"天气设置"，"下雨"设置，选择"运行"，切换运行界面再切换至场景界面，即可看到雨季下雪效果。

任务小结

　　本任务以 Revit 模型为原场景，以模型中相关构件为例，讲解了"AO 特效""光晕特效"及"色调滤镜"的设置及调整方法，对案例完成相应特效调整的学习，过程中需要掌握相关模块的操作步骤和重点内容。

课后作业

　　完成各类特效及滤镜制作。

任务五　信息数字化交互制作

【任务导读】

　　掌握 VDP 虚拟现实设计平台制作交互的整体思路，以及对应的制作方法；要求学员掌握单控灯源交互、多控灯源交互、开关门交互、替换材质交互和设置透明显示交互等操作步骤和内容，并能够独立制作上述交互效果。

【任务内容】

1.BIM 信息交互

　　VDP 虚拟现实设计平台能够保留所有 BIM 模型的信息，如建筑专业类型、图元信息、几何 ID 等，导入 BIM 模型后将自动开启 BIM 信息显示的交互，如不需要自动开启则要关闭相关模型的此项设置（图 3-32）。

教学视频
码3-8

　　选中任一构件即可在右侧属性面板中显示 BIM 模型 /BIM 信息，导入的 BIM 模型默认勾选此项功能，因此可在 BIMVR 展示端直接选中查看 BIM 信息；如不需要显示该信息，取消勾选此项设置即可；如需批量取消 BIM 模型信息的交互，可选中对应的模型，如办公大厦建筑、结构模型节点，在菜单栏中选择"工具"—"调试功能"—"禁用所有 BIM 脚本"一项，设置后模型的 BIM 脚本都会关闭，BIMVR 中将不再显示。

　　（注意：VDP 软件能够加载所有 BIM 模型的 BIM 信息，包括 Revit 模型、广联达系列 BIM 模型等，其他 3d Max 或草图大师创建的场景不会产生 BIM 信息，因此在 BIMVR 中不会弹出 BIM 信息窗口）

2.开关灯交互

　　在室内场景中灯光开关效果是常见的交互功能，在设置时需要了解 VR 交互的制作流程，即选择需要添加交互的物体—设置对应的交互—调整交互参数—调整交互触发范围的大小。

　　VDP 软件中所有的交互都可使用以上制作流程。

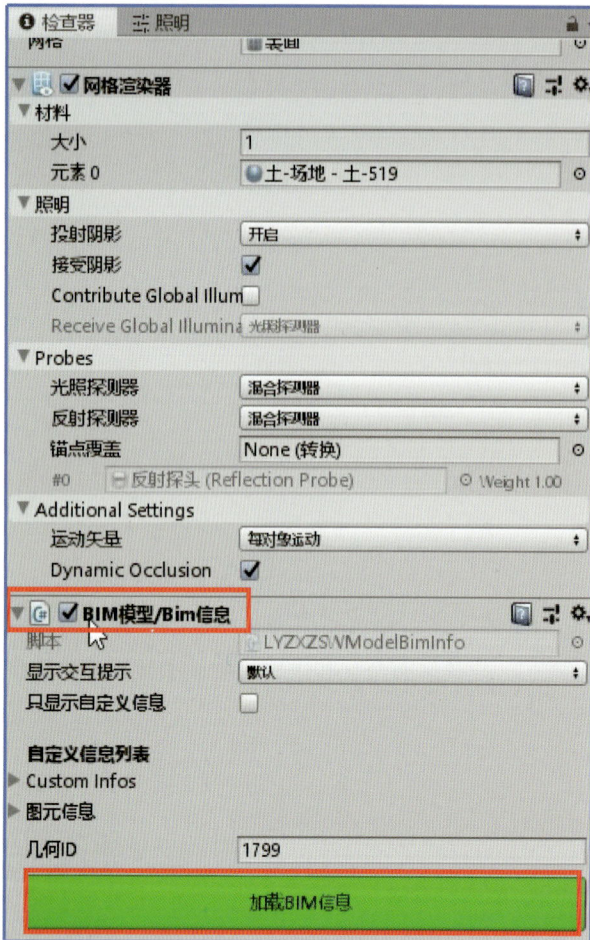

图 3-32

单控灯源交互：单控灯源指的是点击一个交互触发体，即开关，可以控制一盏灯光的开启或关闭效果。

①在模型中选中"点光源"，即灯光，在菜单栏中选择"交互"—"定义开关灯"一项，在节点区将出现"点光源触发体"，此节点可视为灯光开关，在模型中会出现"点光源触发体"的交互触发范围（图 3-33）。

（注意：交互触发范围是绿色线框表示的立方体）

②把"点光源触发体"的模型拖拽移动到柱子正常开关的位置，在 BIMVR 显示端即可完成点击进行开关灯效果互动。为了防止点击触发体的范围太小，可以选中触发体点击编辑，通过触发体上 6 个点拖拽扩大触发体范围，即可完成扩大触发体范围。

（注意：调整触发范围大小的时候，需要按住每个面的绿色中心点才可调整，无法使用缩放工具进行调整）

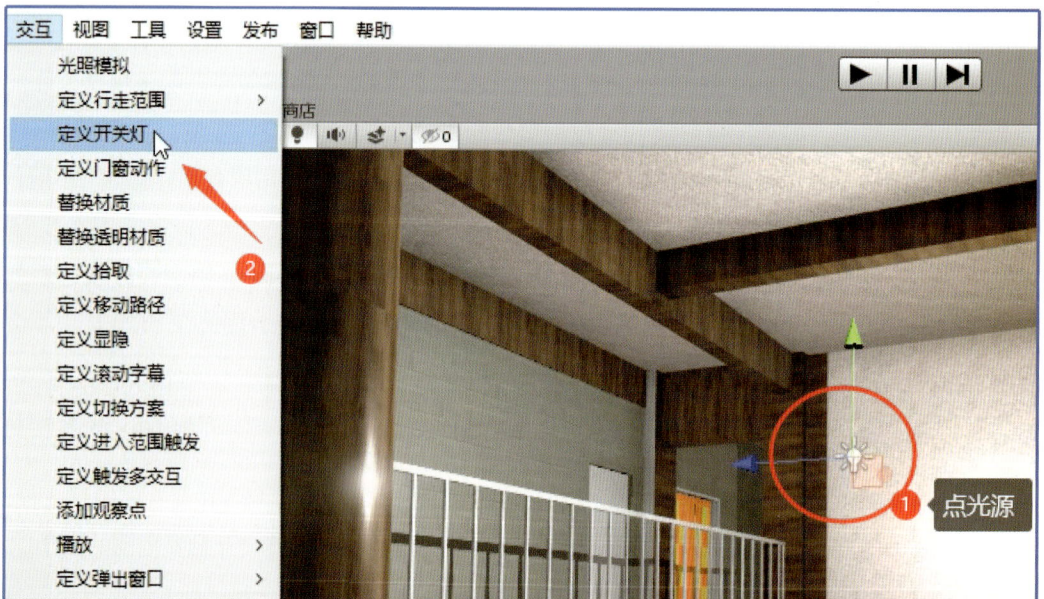

图 3-33

③在编辑状态下可通过把"点光源"属性中的开关勾选或取消，以查看最终开关灯的效果，场景打包上传后可在BIMVR中进行浏览。

3. 多控灯源交互

多控灯源交互与单控灯源交互不同，可以通过点击一个灯光（交互触发体）同时触发多盏光源一起关闭或一起开启的效果，该交互应用范围更广泛，可将不同区域的灯光进行统一设置，统一管理显示效果，具体步骤如下：

①在多个光源中可设置其中一个光源为交互"触发体"，同时调整触发范围框至合适的大小（图3-34）。

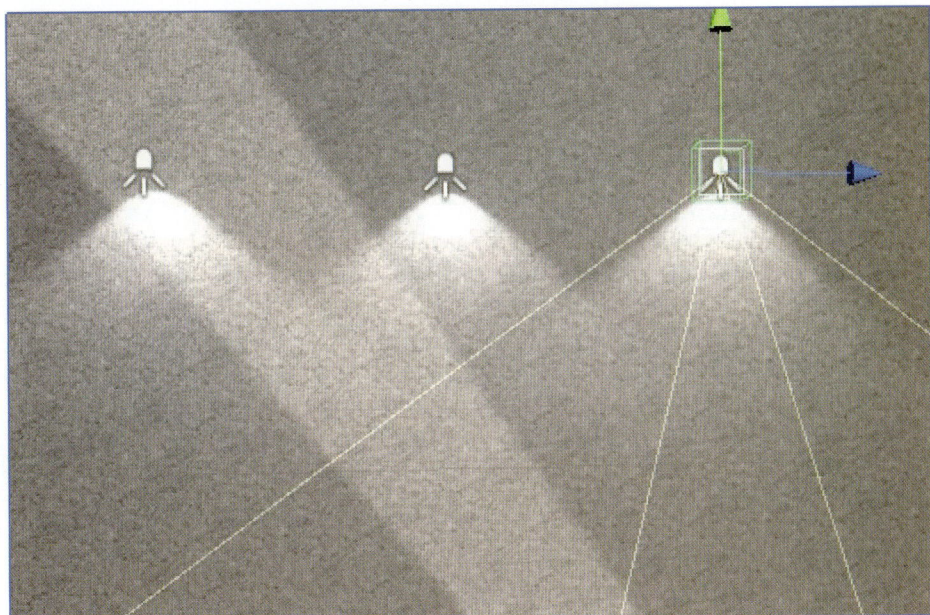

图3-34

②把没有"触发体"的两个灯源移动至有"触发体"灯源目录下，即可完成一个"触发体"控制3个灯源的互动设置。

4. 开关门交互

开关门交互是常用的VR交互之一，通常应用在室内展示的案例中。该交互能够真实模拟打开门窗的动态效果，尤其在VR头盔中漫游时更是充满逼真的交互体验。

①在模型中选中门模型，选择菜单栏中"交互"—"定义门窗动作"一项；此时门上将出现蓝色的位置显示框，同时可在右侧属性面板中调整门窗动作的角度，将看到门模型在初始位置和结束位置的状态（图3-35）。

②门开启位置调整，在门节点的下级找到"旋转轴"节点，选中旋转轴坐标，沿水平轴移动到门另外一侧，调整开启角度后，完成门开启位置调整。

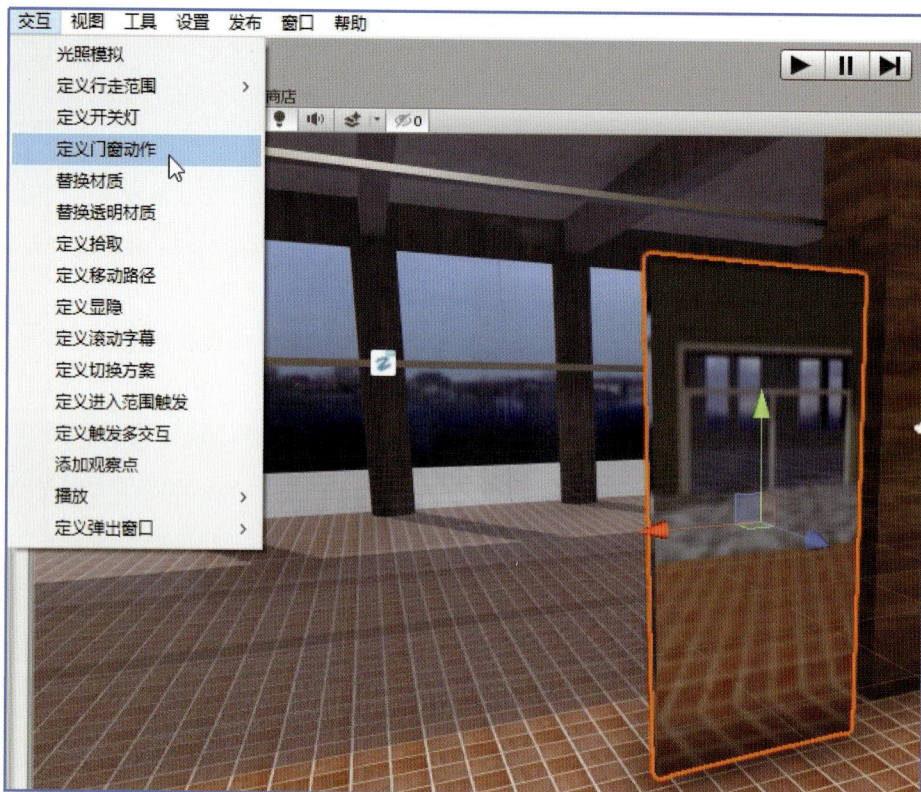

图 3-35

（注意：目前在 VDP 软件中可实现带门轴的开关门效果，暂不能直接实现水平推拉门效果）

5.替换材质交互

替换材质交互可将选定的模型更换多个材质效果，包括不同的壁纸、不同的质感、透明与不透明效果等，均可以通过替换材质实现。

（1）模型单材质替换

选中墙面模型，在菜单栏中选择"交互"—"替换材质"一项，在属性栏中出现材质属性，在材质属性中输入材质面板标题、选择颜色（图 3-36）。

通过打开编辑进入编辑替换材质窗口，共有两个方案：一个为默认方案，即模型原方案；另一个为方案 1，即替换材质方案。再通过增加方案新增出方案 2，即替换材质方案2。默认方案一般不进行修改，替换材质方案通过拖拽材质到方案 1、2 的示意图材质及模型材质中，点击保存，完成材质方案替换设置。

（2）模型多材质替换

选中模型主层 M1521，选择菜单栏中"交互"—"材质替换"一项，打开编辑替换材质属性栏，由于 M1521 由门框、门梁、门板 3 种材质组成，因此属性栏出现了 3 种材质替换的属性栏，对应进行替换，即可完成同一类模型中多材质的替换。

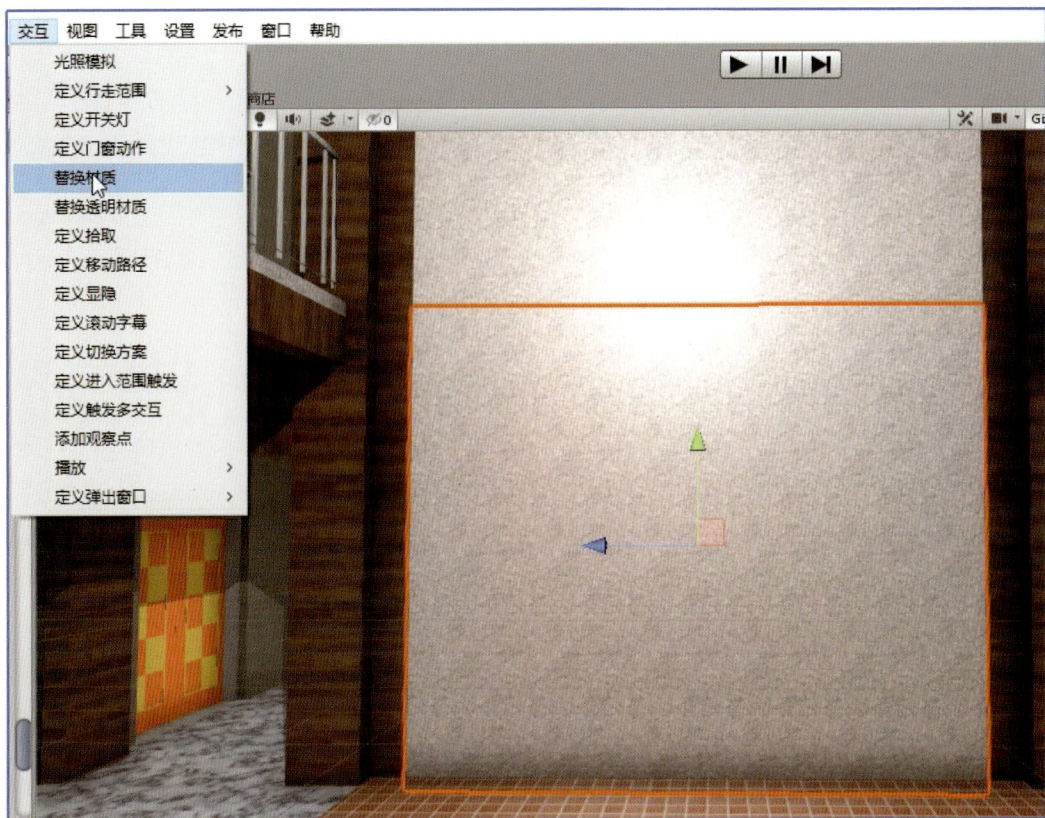

图 3-36

6.透明交互

在场景中，通常对于隐蔽工程有查看的需要，例如查看某一构件中的钢筋布置情况，或楼体的结构情况，即可使用透明交互进行实现。透明交互可将模型设置为透明属性，在交互时可自动变为半透明效果，从而显示内部结构。

①选中柱模型，在菜单栏中选择"交互"—"替换透明材质"一项，此时调整右侧属性面板中"透明度"参数，可设置柱模型的透明效果。同时在"透明物体"一项中，"元素 0"后方自动产生一个透明物体"KZ2"。

②把属性面板中的"大小"一项改为 2，会在"元素 0"下方新增一项"元素 1"，将需要添加透明效果的模型拖拽至"元素 1"，如办公大厦结构模型，完成拖拽后，交互物体会包括 KZ2 及办公大厦结构模型（图 3-37）。

③检查属性面板"网格碰撞器"一项中，"网格"后方是否显示 KZ2，如果是，则点击 KZ2 模型即可完成交互。

（注意："元素 0"中显示的"KZ2"模型为系统自动生成的透明物体，"元素 1"中则是需要实现透明效果的物体，需要区分这两个参数代表的含义）

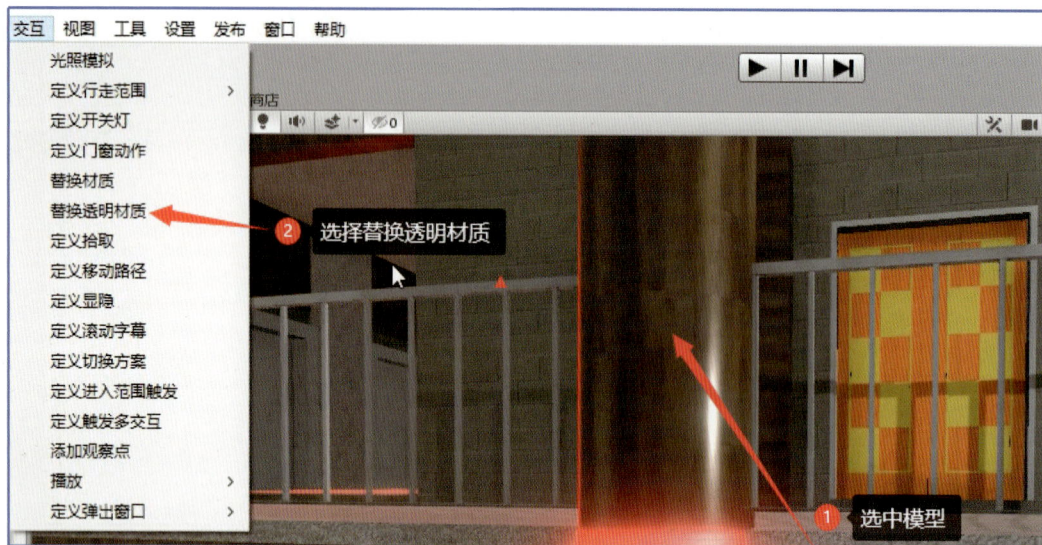

图 3-37

✍任务小结

　　VR交互是VDP虚拟现实设计平台的核心功能，具有模块化、菜单化、简易化等特点，学员无须任何编程基础，仅通过简单的选择、拖拽等动作，即可快速实现丰富的VR交互效果。本任务将介绍如何设置模型的BIM信息显示进行批量取消、设置单灯和多灯的开关交互、门窗的开关交互、单材质替换和多材质替换交互以及对构件设置透明交互等内容。

📋课后作业

　　完成开关灯、开关门等各类交互制作。

任务六　漫游动画展示

【任务导读】

　　利用VDP输出至少一段视频及一幅全景图，将VR场景中亮丽的景色，丰富的交互集中地呈现，达到项目集中展示的作用。

【任务内容】

1.输出视频

（1）准备工作

在层级目录中选中滤镜相机，如没有滤镜相机这项构件可在空白处点击鼠标右键新建一

教学视频
码3-9

个"摄像机"（图3-38）；选中滤镜相机在菜单栏中选择发布——实时视频，在属性栏"实时视频"属性中点击编辑，出现动画编辑窗口。

（2）相机漫游动画制作

该动画是针对于输出相机做的一段漫游动画，用户只需要在时间轴上指定特定时间，然后在编辑区找到当前时间最好的角度，点击录制就能方便地记录相机位置，多次录制后，相机能平滑地从一个相机位置过渡到下一个相机位置。

①在场景中首先确定一个最佳的第一点视角，在动画编辑界面点击"编辑"按钮，而后在属性栏点击"记录"按钮，则相机的当前状态被记录在第一帧；然后在时间轴上将时间定位到下一帧，这里滑动到图示位置，接着在场景中切换到第二点停留视角，点击"记录"按钮，完成第二个相机状态的记录（图3-39）。

②以相同方法完成第3帧和第4帧记录后，在模型区点击"运行"，在动画编辑区点击"播放"，即可观看完整视频，在相机漫游路径确认无误的情况下点击"开始渲染"，选择保存路径并进行文件命名，则编辑器开始渲染视频直至完成。

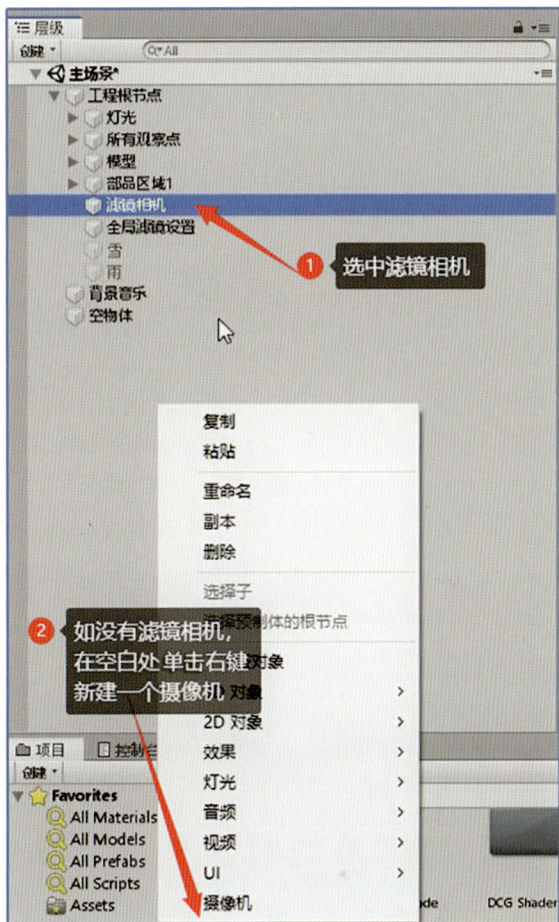

图3-38

图3-39

69

2.输出全景图

全景图的输出首先加载"全景模块",然后确定好观察点位置,生成全景图并上传后完成全景图输出。

①加载全景模块。在菜单栏中"选择"工具—"全景模块安装",进行全景模块的加载(图3-40)。

图 3-40

②设置观察点。在层级中选择全景图节点,在菜单栏中"全景图节点"—"增加观察点";选中新增的观察点节点,通过移动后到达理想地点,通过旋转确定进入全景图的初始朝向,在观察点属性中进行全景图名称命名,完成观察点的添加(图3-41)。

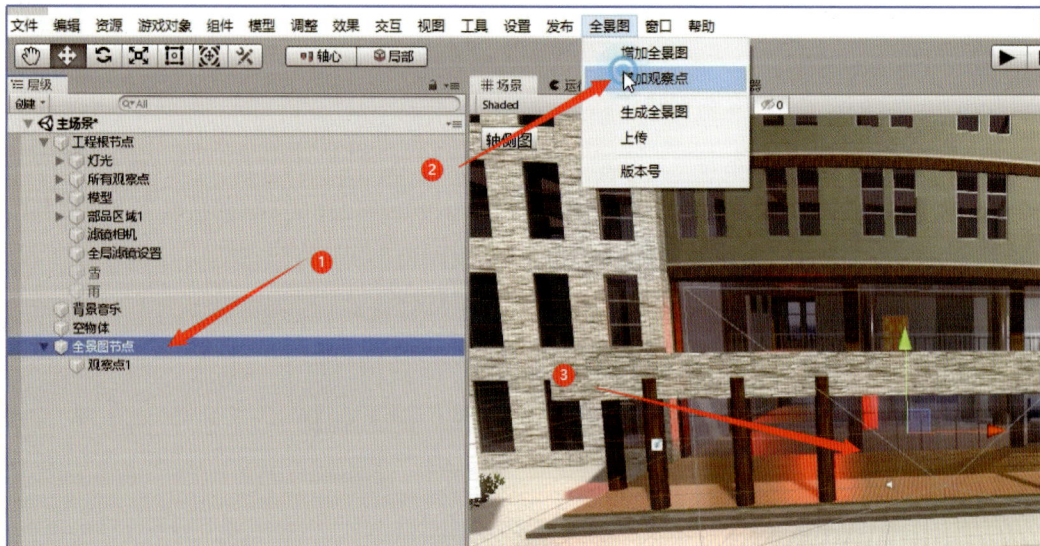

图 3-41

③如需要对观察点进行效果的优化,可拖拽滤镜相机到全景图属性栏中摄像机编辑界面,对全景图进行名称命名。

3.生成并上传全景图

①在菜单栏中"全景图"中点击"生成全景图",生成成功后,在菜单栏中点击"上传",

弹出上传窗口，点击"确定"则开始上传全景图（图3-42）。

②完成上传后点击刷新状态，点击"×"键关闭上传窗口，进入 VDP 主界面，点击我的云端——我的全景图库，进入后耐心等待状态为"处理成功"后，点击二维码，出现二维码图标，通过手机微信进行二维码扫描，可在手机端查看制作的全景图。

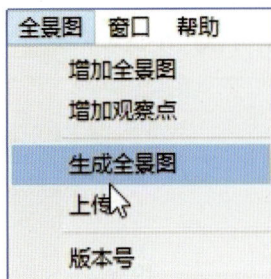

图 3-42

4.云端管理账户案例删除与恢复

①在 VDP 案例管理界面，选择"我的云端"中"我的方案"，进入 VDP 在线管理系统，输入账号、密码进行登录（图3-43）。

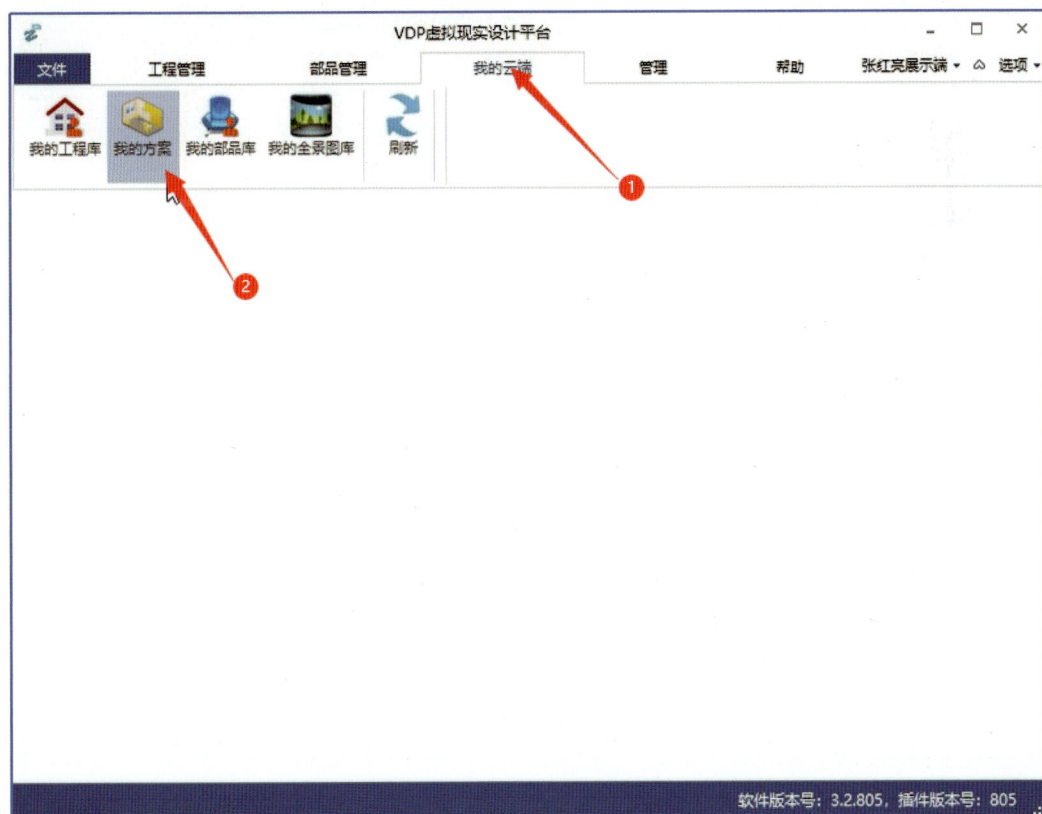

图 3-43

②进入“我的云端”，选择“个人中心”—“进入编辑模式”，在编辑界面中勾选“删除”，完成删除后案例库更新；如需要再次把案例恢复回来，在删除勾选项中取消掉勾选，即可在账号中恢复案例。

5. 云端管理账户案例分享

在方案列表中选择勾选分享，输入对方账户手机号，完成案例分享（图 3-44）。

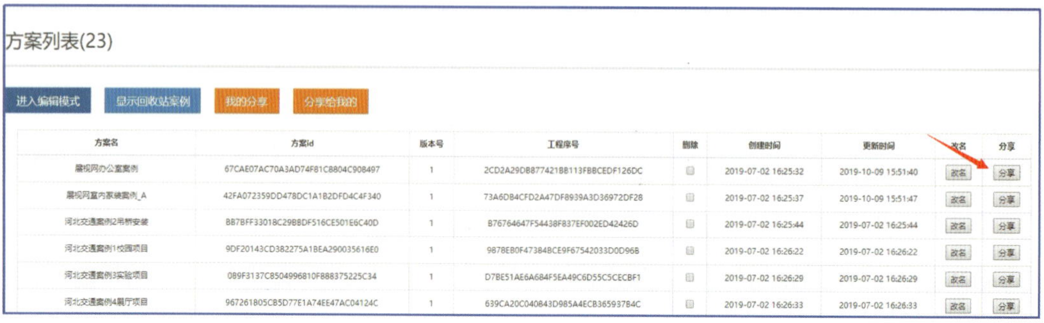
方案列表(23)

进入编辑模式 显示回收站案例 我的分享 分享给我的

方案名	方案id	版本号	工程序号	删除	创建时间	更新时间	改名	分享
晨视网办公室案例	67CAE07AC70A3AD74F81C8804C908497	1	2CD2A29DB877421BB113FBBCEDF126DC		2019-07-02 16:25:32	2019-10-09 15:51:40	改名	分享
晨视网室内家装案例_A	42FA072359DD478DC1A1B2DFD4C4F340	1	73A6DB4CFD2A47DF8939A3D36972DF28		2019-07-02 16:25:37	2019-10-09 15:51:47	改名	分享
河北交通案例2吊桥安装	BB7BFF33018C29BBDF516CE501E6C40D	1	B76764647F54438F837EF002ED42426D		2019-07-02 16:25:44	2019-07-02 16:25:44	改名	分享
河北交通案例1校园项目	9DF20143CD382275A1BEA290035616E0	1	9878EB0F47384BCE9F67542033D0D96B		2019-07-02 16:26:22	2019-07-02 16:26:22	改名	分享
河北交通案例3实验项目	089F3137C8504996810F888375225C34	1	D7BE51AE6A684F5EA49C6D55C5CECBF1		2019-07-02 16:26:29	2019-07-02 16:26:29	改名	分享
河北交通案例4展厅项目	967261805C85D77E1A74EE47AC04124C	1	639CA20C040843D985A4ECB365937B4C		2019-07-02 16:26:33	2019-07-02 16:26:33	改名	分享

图 3-44

在账户中，与我分享的界面就可以看到对应分享案例是否被接受。

如需咨询软件问题，右上角点击加入 QQ 群，进行问题咨询。

任务小结

运用“实时视频”功能输出场景视频，运用“全景图模块”输出基于观察点的全景图。

课后作业

完成漫游视频及全景图制作。

模块四
深化设计应用

碰撞检查是 BIM 技术应用初期直观、易实现、易产生价值的功能之一。当建立 BIM 模型后，通过运行碰撞检查，不仅可以解决错综复杂的管道之间碰撞的问题，深化管道综合设计，还能通过检查与不同专业模型之间的碰撞，提前预留孔洞，并指导施工。

任务一　碰撞检查

1. 碰撞检查方法

（1）项目内图元之间碰撞检查

选择"协作"选项卡—"坐标"面板—"碰撞检查"—"运行碰撞检查"选项，在打开的"碰撞检查"对话框中的左右两侧的"类别来自"下拉菜单中选择所需进行碰撞检查的系统，此时选择相同的系统，即进行项目内图元之间的碰撞检查。本案例中运用消防管道系统进行碰撞检查。并将所有检查的构件全部选中，可以使用"全选""全部不选"和"反选"这三个按钮快速进行选择。

教学视频
码4-1

选择完成后单击"确定"按钮，进行项目内图元之间的碰撞检查。打开"冲突报告"对话框，此时可单击冲突报告以查找碰撞的位置，也可单击"导出"按钮将冲突报告导出。

（2）项目内图元与链接模型图元之间碰撞检查

首先打开绘制好的文件名为"排水管道系统 .rvt"的模型，然后选择"插入"选项卡—"链接"面板—"链接 Revit"选项。

在打开的"导入 / 链接 RVT"对话框中选择"暖通道系统 .rvt"并单击"打开"按钮，完成模型的链接，出现链接效果。

选择"协作"选项卡—"坐标"面板"碰撞检查"—"运行碰撞检查"选项，在打开的"碰撞检查"对话框中的左右两侧的"类别来自"下拉列表中选择所需进行碰撞检查的系统，此时分别选择"当前项目"与"暖通管道系统 .rvt"，即进行项目内图元与链接模型图元之间的碰撞检查。本例中对某建筑二层给排水管道系统与暖通管道系统进行碰撞检查。将所对某建筑二层供给排水管道系统与暖通管道部件全部选中，可以使用"全选""全部不选"和"反选"这三个按钮快速进行选择。

选择完成后单击"确定"按钮，进行项目内图元与链接模型图元之间的碰撞检查。打开"冲突报告"对话框，此时可单击"显示"按钮以查找碰撞的位置，也可单击"导出"按钮将冲突报告导出。

2. 查找碰撞位置

在进行碰撞检查后，打开"冲突报告"对话框，先选择需要显示的碰撞对象，再单击"显示"按钮，此时将会自动放大视图，并高亮显示所选择的构件，

教学视频
码4-2

使用户能快速准确地碰撞位置。

此时再次单击"显示"按钮，会切换到其他视图中显示碰撞位置。当前所打开的视图都显示之后，会打开所示对话框。单击"确定"按钮后，会打开其他视图并逐一显示碰撞位置。立面图中的显示效果确定发生碰撞的位置后，可在平面视图中找到碰撞点，选择"注释"选项卡—"详图"面板"云线批注"选项，使用云线标注错误的地方，保证效果。

3. 碰撞设计优化原则及技巧

①顺序一般自上而下，从电到水。

②管线发生冲突需要调整时，以不增加工程量为原则。

③对已有一次结构预留孔洞的管线，应尽量减少位置的移动。

④与设备连接的管线，应减少位置的水平及标高位移。

⑤布置时考虑预留检修及二次施工的空间，尽量将管线提高，与吊顶间留出尽量多的空间。

⑥在保证满足设计和使用要求的前提下，管道、管线应尽量安装于管道井、电井、管廊、吊顶内。

⑦要求明装的管线尽可能沿墙、梁、柱的走向敷设，最好是成排、分层数布置。

教学视频
码4-3

4. 冲突检查报告的导出

在进行碰撞检查后，打开"冲突报告"对话框，此时单击"导出"按钮可将冲突报告导出为 html 格式的 Revit MFP 的冲突报告。例如，之前的消防系统图元之间检查的碰撞检查报告导出之后。

教学视频
码4-4

任务小结

本任务通过实例操作，介绍了项目内图元之间的碰撞检查及项目内图元与链接模型图元之间碰撞检查的基本方法。根据以上碰撞检查的方法在实际项目中使用 Revit MEP 进行管道系统的碰撞检查、优化，以及碰撞报告的导出。

习题

一、单选题

1.下列操作方式不能在界面中显示出属性面板的是（　　）。

A. 在应用程序菜单中单击"选项"，然后选择"属性"

B. 在绘图区域中单击鼠标右键，在弹出的快捷菜单中选择"属性"

C. 按键盘快捷键"Ctrl+1"

D. 在［视图］选项卡单击［用户界面］，选择"属性"

2. 视觉样式用于控制模型在视图中显示方式,下列显示模式中显示效果最差但速度最快的是( )。

A. 隐藏线模式

B. 线框模式

C. 着色模式

D. 一致的颜色模式

3. 下列不是 Revit 提供的基础形式的是( )。

A. 独立基础

B. 条形基础

C. 桩基础

D. 基础底板

4. 一项目漫游动画模型共是 800 帧,先设置从 300 帧到 600 帧导出,根据"帧 / 秒",这样截取的漫游动画总时间为( )秒。

A.15

C.30

B.20

D.40

5. 创建建筑墙,选项栏设置为 F1,深度设置为未连接,输入 3 000 数值,偏移量 500,创建该建筑墙之后属性栏显示( )。

A. 底部标高为"F1",底部偏移为"50°",顶部标高为"P",顶部偏移为"000"

B. 底部标高为"F1",底部偏移为"3 000",顶部标高为"F1",顶部偏移为"0"

C. 底部标高为"F1",底部偏移为"000"顶部标高为"F1",顶部偏移为"0"

D. 底部标高为"F1",底部偏移为"3 000",顶部标高为"F1",顶部偏移为"500"

6. 在管理链接中添加 Revit 模型,导入 / 链接 RVIT 界面后可选择的定位方式( )。

A. 自动—原点到远点

B. 手动—原点

C. 自动—中心到中心

D. 自动—通过共享坐标

7. 关于管道系统分类,系统类型和系统名称说法正确的是( )。

A. 系统分类、系统类型和系统名称都是 Revit 预设用户无法添加

B. 系统分类和系统类型是 Revit 预设用户无法添加,用户可以添加系统名称

C. 系统分类是 Revit 预设用户无法添加,用户可以添加系统类型和系统名称

D. 用户可以添加系统分类、系统类型和系统名称

8. 在放置电缆桥架配件时,按( )键可以循环切换插入点。

A. Alt

B. Ctrl

C. Space

D. Tab

9. 直径为 200 的给水管道水平干管安装,保温管中心距离墙表面的安装距离最小为( )。

A.150

B.200

C.250

D.300

10. 模型详细程度用详细等级 (LOD) 划分,初步设计阶段的模型详细等级要求最低为 LOD ( )。

A. 100   B. 200

C. 300   D. 以上均不正确

11. "隐藏图元" 命令的快捷键是 ( )。

A. HH   B. H

C. IC   D. HR

12. 不属于 "项目单位" 中提供的可设置的规程为 ( )。

A. 电气   B. 能量

C. 管道   D. 建筑

13. 下列属于 Revit 提供的创建建筑红线的方式的是 ( )。

A. 通过角点坐标来创建   B. 通过导入文件来创建

C. 通过拾取来创建   D. 通过输入距离和方向角来创建

14. 关于日光研究,下列描述正确的选项是 ( )。

A. 为了研究日光对项目产生的效果,一般使用建筑模型的平面视图

B. 不可以使用三维平面视图,剖面视图或从详图索引创建的视图作为日光研究的基础

C. 如果要控制日光亮度,应选择 "着色" 或 "带边框着色",不能用于线框显示的视图

D. 可以在线框显示的视图中应用日光研究,但只能显示阴影边界

15. 关于 "将风口直接连接至风管侧壁" 的操作,下面描述正确的是 ( )。

A. 将风口插入点的偏移量设置为风管底部高度即可

B. 先布置风口,绘制风管时开启 "自动连接" 即可

C. 先布置风口,然后用 "对齐" 功能使其与风管侧壁平齐

D. 布置风口的时候开启 "风道末端安装到风管上"

16. 下列族样板不属于基于主体的样板的是 ( )。

A. 基于墙的样板   C. 基于屋顶的样板

B. 基于天花板的样板   D. 基于面的样板

17. 启用工作集后,第一次保存的文件将被定义为 ( )。

A. 本地文件   C. 中心文件

B. 副本文件   D. 协同文件

18. 通常在链接模型的过程中采用的定位方式为 ( )。

A. 自动—中心到中心   B. 自动—共享坐标

C. 手动—原点到原点   D. 自动—原点到原点

19. 使用过滤器列表按规程过滤类别,其类别类型不包括 ( )。

A. 建筑   B. 机械

C. 协调

D. 给排水

20. 在 Revit2016 相机视图中, 右键在绘图区域右上角的 ViewCube 透视图和正视图切换关系是 ( )。

A. 在透视图中不可以切换到平行视图

B. 在正视图中不可以切换到透视三维视图

C. A、B 都对, 无法相互转换

D. A、B 都不对, 可以相互转换

21. 下列表述中, 关于 Revit 楼板形状编辑说法正确的是 ( )。

A. 只能对倾斜楼板进行修改子图元操作

B. 只能对非倾斜楼板进行修改子图元操作

C. 不论楼板是否倾斜都可以进行修改子图元操作

D. 不论楼板是否倾斜都无法进行修改子图元操作

22. 关于管线施工中的一般避让原则, 错误的是 ( )。

A. 小管让大管

B. 利用梁间的空隙

C. 自流管道避让其他管道

D. 造价低的管道让造价高的管道

23. 照明灯具模型创建步骤是 ( )。

A. 单击 "系统" 命令栏—"电气" 选项卡—"照明设备" 命令进行灯具布置

B. 单击 "系统" 命令栏—"机械" 选项卡—"照明设备" 命令进行灯具布置

C. 单击 "系统" 命令栏—"电气" 选项卡—"机电工具" 命令进行灯具布置

D. 单击 "系统" 命令栏—"电气" 选项卡—"电缆桥架" 命令进行灯具布置

24. 在导出漫游动画的 "长度 / 格式" 对话框中, 输出长度设置范围, 起点为 150, 终点为 600, 帧 / 秒为 10, 则总时间为 ( ) 秒。

A.10

B.30

C.45

D.60

25. 通过橄榄山快模软件可以自动把建筑、结构、喷淋 DWG 转成 Revit 模型, 下面说法错误的是 ( )。

A. 快模软件的工作机理是用图层来区分构件的种类

B. 可以将建筑、结构、喷淋等施工图 DWG 转成 Revit 文件

C. 无法将轴线的轴号名字带入 Revit 里面翻模得到的轴线上

D. 转换速度非常快, 大量节省翻模人员和时间成本

26. 在管道 "类型属性" 的对话框下, "布管系统配置" 不包括 ( )。

A. 三通

B. 弯头

C. 首选连接类型

D. 过渡件

27.下列主要用来控制角度参变的是（　　　）。

A. 长度　　　　　　　　　　　　　B. 宽度

C. 厚度　　　　　　　　　　　　　D. 角度

28. 使用（　　　）开发的程序称为 Revit 插件,也称为二次开发。

A. Revit ret　　　　　　　　　　　B. Revit rvt

C. Revit rfa　　　　　　　　　　　D. Revit API

29.（　　　）用于某段风管管路开始或者结束时自动捕捉相交风管,并添加风管管件完成连接。

A. 自动剪切　　　　　　　　　　　B. 自动连接

C. 自动组装　　　　　　　　　　　D. 自动捕捉

二、多选题

1. 在修改场地中,建筑红线的创建说法正确的是（　　　）。

A. 在三维视图中,通过输入距离和方向角来创建

B. 在三维视图中,通过绘制来创建

C. 在平面视图中,通过输入距离和方向角来创建

D. 在平面视图中,通过绘制来创建

E. 在立面视图中,通过输入距离和方向角来创建

2. 视图样板中,类型过滤器包含（　　　）。

A. 三维视图、漫游　　　　　　　　B. 天花板平面

C. 楼层、结构、面积平面　　　　　D. 立面、剖面、详图视图

E. 相机

3. 在修改放置电缆桥架选项中可对电缆桥架的（　　　）进行设置。

A. 宽度　　　　　　　　　　　　　B. 高度

C. 厚度　　　　　　　　　　　　　D. 偏移量

E. 标高

4. 在幕墙放置竖梃时,可以选择以下哪些方式（　　　）。

A. 拾取一条网格线　　　　　　　　B. 拾取单段网格线

C. 除拾取外的全部网格线　　　　　D. 按 TAB 键拾取的网格线

E. 全部网格线

5. 在 Reit 创建椭圆形风管时,风管选项栏可以设置的参数是（　　　）。

B. 偏移　　　　　　　　　　　　　A. 标高

D. 宽度　　　　　　　　　　　　　C. 直径

E. 高度

6.下列属于一般模型拆分原则的是(　　)。

A. 按专业拆分 　　　　　　　　　　B. 按楼层拆分

C. 按建筑防火分区拆分 　　　　　　D. 按人防分区拆分

E. 按施工缝拆分

7.系统族基本墙的类型属性对话框中修改垂直结构命令包含(　　)。

A. 指定层 　　　　　　　　　　　　B. 分隔条

C. 墙饰条 　　　　　　　　　　　　D. 勒脚

E. 轮廓

8.Revit 提供的创建建筑红线的方式有(　　)。

A. 通过绘制来创建 　　　　　　　　B. 通过角点坐标来创建

C. 通过拾取来创建 　　　　　　　　D. 通过导入文件来创建

E. 通过输入距离和方向角来创建

9.以下关于图纸的说法正确的是(　　)。

A.用"视图—图纸"命令,选择需要的标题栏,即可生成图纸视图

B.可将平面、剖面、立面、三维视图和明细表等模型视图布置到图纸中

C.三维视图不可和其他平面、剖面、立面图同时放在同一图纸中

D.图纸视图可直接打印出图

E.图纸视图中线宽不可设置

1.CD; 2.ABCD; 3.ABD; 4.ABE; 5.BDE; 6.ABCE; 7.ABC; 8.AE; 9.ABE

二、多选题

26.A; 27.D; 28.D; 29.B

14.C; 15.D; 16.D; 17.C; 18.D; 19.D; 20.D; 21.C; 22.C; 23.A; 24.C; 25.C;

1.A; 2.B; 3.C; 4.A; 5.B; 6.B; 7.C; 8.D; 9.D; 10.B; 11.A; 12.D; 13.D;

一、单选题

答案:

任务二　施工图出图

建筑施工图主要是通过详图及尺寸标注来确定构件位置及指导施工，建筑施工图绘制主要步骤为：图面处理详图绘制—尺寸标注—图面标注。

双击桌面图标 ![图标] 打开 Revit2014 软件，单击界面中"项目"—"打开"命令，在弹出的对话框中选择之前绘制的建筑模型。

教学视频
4-5

施工图任务内容包括平面图深化、立面图深化、剖面图深化、卫生间大样图、楼梯详图大样。

✍ 任务小结

在项目浏览器中选择"剖面1"视图并复制视图，重命名为"出图－楼梯剖面详图"，进入视图，在属性面板中单击"视图样板"命令，选择"BM-建－楼梯剖面详图"，修改"RVT链接显示设置"，取消勾选链接模型的"注释类别"，并将链接模型的"模型类别中"。楼板、墙体、结构框架、楼梯的截面填充设置为颜色 128-128-128 的实体填充，单击"确定"，选择建筑模型的"模型类别"，将建筑墙体、楼板的截面及表面填充设置为"隐藏"。

单击确定应用视图样板，调整裁剪框和标高。

在属性面板中取消勾选"裁剪区域可见"选项，使用"填充区域"命令将结构截面填充，用"遮罩区域"命令，将不需要显示的构件隐藏，用尺寸标注、标高放置、图集索引等命令标注剖面大样。

📑 习题

一、单选题

1. 项目浏览器用于组织和管理当前项目中包括的所有信息，下列有关项目浏览器描述错误的是（　　）。

A. 包括项目中所有视图、明细表、图纸、族、组、链接的 Revit 模型等项目资源

B. 可以对视图、族及族类型名称进行查找定位

C. 可以隐藏项目浏览器中项目视图信息

D. 可以定义项目视图的组织方式

2. 下列不是 Revit 提供的规程的是（　　）。

A. 暖通　　　　　　　　　　B. 电气

C. 机械　　　　　　　　　　D. 卫浴

3. 在 Revit 中不仅能输出相关的平面的文档和数据表格，还可对模型进行展示与表现，下列有关创建相机和漫游视图描述有误的是（　　）。

A. 默认三维视图是正交图

B. 相机中的"重置目标"只能使用在透视图里

C. 漫游只可在平面图中创建

D. 在创建漫游的过程中无法修改已经创建的相机

4. Revit 中创建楼梯，在"修改"—"创建楼梯"—"构件"中不包含（　　）构件。

　　A. 支座　　　　　　　　　　　　　B. 平台

　　C. 梯段　　　　　　　　　　　　　D. 梯边梁

5. 栏杆扶手中的横向扶栏个数设置方法是点击"类型属性"对话框中（　　）参数进行编辑。

　　A. 扶栏位置　　　　　　　　　　　B. 扶栏结构

　　C. 扶栏偏移　　　　　　　　　　　D. 扶栏连接

6. 下列有关 Revit 修改编辑管道描述有误的是（　　）。

A. 在平面视图、立面视图、剖面视图和三维视图都可以放置管件

B. 管道在粗略、中等和精细三种详细程度下的显示可自定义修改

C. 管道尺寸和管道编号是通过注释符号族来标注，仅在平面、立面和剖面可用

D. 管道标高和坡度则是通过尺寸标注系统族来标注，在平面、立面、剖面和三维视图均可用

7. 以下构件为系统族的是（　　）。

　　A. 风管　　　　　　　　　　　　　B. 风管附件

　　C. 风道末端　　　　　　　　　　　D. 机械设备

8. 在管线综合排布过程中，管径为 300 mm 的非保温管道间的中心距最小为（　　）mm。

　　A. 350　　　　　　　　　　　　　B. 400

　　C. 450　　　　　　　　　　　　　D. 500

9. 在编辑漫游时，漫游总帧数为 600，帧/秒为 15，关键帧为 5，将第 5 帧的加速器由 1 修改为 5，其总时间是（　　）s。

　　A. 40　　　　　　　　　　　　　B. 20

　　C. 60　　　　　　　　　　　　　D. 50

10. "机械设置"对话框中下述（　　）项的设置，主要用来设置图元之间交叉、发生遮挡关系时的显示。

　　A. 拆分线　　　　　　　　　　　　B. 网格线

　　C. 拾取线　　　　　　　　　　　　D. 隐藏线

11. 以下属于族样板选用的第一原则的是（　　）。

　　A. 族的使用方式　　　　　　　　　B. 族样板的活用

　　C. 族样板的特殊功能　　　　　　　D. 族类别的确定

12. 在平面视图中可以给（　　）图元放置高程点。

A. 墙体
B. 门窗洞口
C. 楼板
D. 线条

13. 在下列选项中可创建项目标高的是（　　）。

A. 楼层平面视图
B. 结构平面视图
C. 立面视图
D. 三维视图

14. 根据风管材料设置（　　），然后据此计算风管沿程阻力。

A. 细度
B. 粗糙度
C. 色彩饱和度
D. 明度

15. 下列选项关于管线综合步骤的说法不正确的是（　　）。

A. 确定各类管线的大概标高和位置

B. 调整电桥架、水管主管和风管的平面图位置以便综合者考虑

C. 根据局部管线冲突的情况对管线进行调整

D. 对各类型管线进行建模

16. 根据构件命名规则，"LM1821"代表（　　）。

A. 1 800 mm 宽、2 100 mm 高的推拉门
B. 2 100 mm 宽、1 800 mm 高的推拉门
C. 1 800 mm 宽、2 100 mm 高的铝合金门
D. 2 100 mm 宽、1 800 mm 高的铝合金门

17. 建筑 BIM 自动翻模不能实现的功能是（　　）。

A. 智能读取施工图 DWG 中的轴线编号，在 Revit 端创建带正确编号的轴线

B. 智能读取门窗的编号，并将门窗编号中的高度信息提取出来作为门窗高度数

C. 支持天正、理正等多种建筑软件绘制的建筑施工 DWG 图

D. 根据墙的外立面施工图来创建模型外立面构件

18. 通过应用程序菜单按钮"选项"—"ViewCube"来对 ViewCube 外观进行设置，下列选项中不是 Revit 提供的设置 ViewCube 大小的一项是（　　）。

A. 微型
B. 自动
C. 中
D. 特大

19. 幕墙类型属性对话框中连接条件的设置不包含（　　）。

A. 自定义
B. 垂直网格连续
C. 水平网格连续
D. 边界和垂直网格连续

20. 放置梁时 Z 轴对正方式不包括（　　）。

A. 原点
B. 中心线
C. 统一
D. 底

21. 在日光路径设置中不属于日光研究方式的是（   ）。

A. 一天   B. 多天

C. 照明   D. 多云

22. 在项目中创建"室内新风"系统的方法是（   ）。

A. 复制"回风"系统后改名   B. 复制"排风"系统后改名

C. 复制"送风"系统后改名   D. 以上均可

23. 关于门的标记，下列说法正确的是（   ）。

A. 仅当整个门可见时，才会显示门标记，如果部分门被遮蔽，则门标记不可见

B. 当整个门可见时，会显示门标记，如果部分门被遮蔽，则门标记还是可见

C. 当放置相同类型的门时，标记中的门编号不会递增

D. 复制并粘贴门时，标记中的门编号也不会递增

24. 图纸上的图例可帮助机电专业人员正确地了解图形。在施工图文档集中，不包含（   ）图例。

A. 构件   B. 房间

C. 注释记号   D. 符号

25. 在"类型属性"对话框中，往族中添加一个新的类型并可修改这个类型的参数，首先（   ）。

A. 在"类型属性"对话框中，单击"复制"

B. 在"类型属性"对话框中，单击"添加族"

C. 在"类型属性"对话框中，单击"重命名"

D. 在"类型属性"对话框中，单击"载入"

26. 放置构件对象时中点捕捉的快捷方式是（   ）。

A. SN   B. SM

C. SC   D. SI

27. 下列选项不属于族样板分类的是（   ）。

A. 基于主体的族样板   B. 基于线的族样板

C. 基于面的族样板   D. 基于点的族样板

28. 在风管设备族中设置连接件系统分类，下列类型中错误的是（   ）。

A. 送风   B. 回风

C. 新风   D. 管件

二、多选题

1. 在"编辑栏杆位置"中，主样式中的"对齐"包含（   ）。

A. 端点   B. 起点

C. 终点 D. 中心

E. 展开样式以匹配

2. 在"建筑"选项栏中的"洞口"命令菜单下，包含（　　）命令。

A. 水平洞口 B. 垂直洞口

C. 竖井洞口 D. 面洞口

E. 老虎窗洞口

3. 以下关于创建倾斜楼板的方向有（　　）。

A. 在创建楼板边界的时候，绘制一个坡度箭头

B. 指定草图线的"相对基准的偏移"属性值

C. 指定草图线的"定义坡度"和"坡度"属性值

D. 在创建楼板边界的时候，绘制一个跨方向

E. 在创建楼板边界的时候，拾取不同标高的墙

4. 要创建多类别明细表，下列描述正确的选项是（　　）。

A. 多类别明细表一般应用到具有共享参数的项目中

B. 共享参数可用作明细表字段添加到多类别明细表中

C. 非共享参数属性不能添加到多类别明细表中

D. 在"明细表属性"对话框中单击"过滤"选项卡，并选择刚添加的共享项目参数

E. 多类别明细表仅可包含可载入族。当您选择"共享参数"，类别不具有选定的共享参数将无法被选择

5. 下列属于 Revit 提供的创建建筑红线的方式有（　　）。

A. 通过角点坐标来创建 B. 通过导入文件来创建

C. 通过输入距离和方向角来创建 D. 通过拾取来创建

E. 通过绘制来创建

6. 幕墙类型属性对话框中连接条件的设置包含（　　）。

A. 自定义 B. 垂直网格连续

C. 水平网格连续 D. 边界网格连续

E. 边界和垂直网格连续

7. 关于 Revit 插件，下面正确的是（　　）。

A.Revit 插件是一种软件程序，由 Autodesk 研发出来

B.Revit 插件用 RevitAPI 研发出来的程序，Autodesk 公司之外的开发者也可以来开发插件

C.Revit 插件可以脱离 Revit 运行

D.Revit 插件必须在 Revit 里面运行，需要先安装 Revit 软件

E.Revit 插件具有兼容性，可以不受 Revit 版本的限制

8. 在风管"类型属性"对话框下的"布管系统配置"包含（　　）设置。

A. 弯头　　　　　　　　　　　　　B. 活接头

C. 多形状过渡件矩形到圆形　　　　D. 多形状过渡件圆形到矩形

E. 过渡件

9. 关于创建屋顶所在视图说法正确的是（　　）。

A. 迹线屋顶可以在立面视图和剖面视图中创建

B. 迹线屋顶可以在楼层平面视图和天花板投影平面视图中创建

C. 拉伸屋顶可以在立面视图和剖面视图中创建

D. 拉伸屋顶可以在楼层平面视图和天花板投影平面视图中创建

E. 迹线屋顶和拉伸屋顶都可以在三维视图中创建

10.Revit 视图有很多种形式，下列有关视图描述有误的是（　　）。

A. 在立面中，已创建的楼层平面视图的标高标头显示为黑色

B. 当不选择任何图元时，"属性"面板显示空白

C.Revit 允许用户在楼层平面视图或天花板视图中创建任意立面视图

D. 可以对平面、立面、三维视图进行放大、缩小、平移、旋转等操作

E. 绘制详图索引的视图称为父视图，如果删除父视图，则也将删除该详图索引视图

通过本次课程，了解并掌握各指令使用方式及用途。

答案：

一、单选题

1.C；2.D；3.C；4.D；5.B；6.B；7.A；8.D；9.A；10.D；11.D；12.C；13.C；
14.B；15.D；16.C；17.D；18.D；19.A；20.C；21.D；22.C；23.D；24.B；25.A；
26.B；27.C；28.D；

二、多选题

1.BCDE；2.BCDE；3.ABC；4.ABDE；5.CE；6.BCE；7.BD；8.ABCE；9.BCE；10.AB

模块五
工程量清单提取与应用

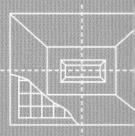

任务一　装饰设计软件介绍

学习任务
码5-1

【任务导读】

广联达 BIM 装饰计量软件是一款非常专业的工程建筑软件，此软件可用于建筑装饰的工程计算，对装饰所有的材料做一个简单的预算。

【任务内容】

本款软件采用全新的 Ribbon 界面，功能是以选项卡来区分不同的功能区域，功能排布符合用户的业务流程，用户按照选项卡的分类很方便地查找对应功能，并且软件可导入 CAD 图进行编辑，方便了广大的 CAD 图纸操作员，此软件可快速帮助用户完成建筑装饰计量工作，非常实用便捷。

快捷工具栏：快捷工具栏主要包括保存、新建、打开、撤销、恢复等功能。

点式图元：软件中为一个点，通过画点的方式绘制，通过图例识别进行识别，如点缀、灯、自定义点等。

线式图元：软件中为一条线，通过画线的方式绘制，通过识别线等方式识别，如波打线、装饰线条、自定义线等。

面式图元：软件中为一个面，通过画一封闭区域的方法绘制，通过内部点识别、填充识别等方式识别，如地面、墙面、天棚、自定义面等。

实体房间：可以在构件列表中创建房间构件，绘制到房间图元区域内的装饰图元自动归属到该房间，可以实现按房间汇总。

虚拟房间：可以在房间列表中创建虚拟房间，将图元房间属性修改为虚拟房间，可以实现按房间汇总。

默认房间：没有虚拟房间和实体房间时，房间属性默认为当前图层。

数据表：可以通过下拉选择导入 Excel 表中的页面找到所想要页面。

添加清单：可以新增清单，并定义此清单。

添加定额：可以在清单下新增定额，并定义此定额。

软件采用全新的 Ribbon 界面，所有功能全都一目了然：

①支持在项目中编辑特征值。

②支持查询外部清单，可以触发引用的外部做法区，为构件添加已编辑好的清单。

③可对构建参数进行设置，对表格输入的工程量可再次添加、删除。

④支持插入新的 CAD 图像，如当您已经导入一些 CAD 图，需要继续在当前图纸导入其他 CAD 图时就可以使用此功能。

⑤软件支持导入的 CAD 图形文件有：dwg、dxf、cadi2 格式的可自行设置 CAD 图的比例大小，比例不同时，可以通过多次设置比例来正确识别，不需要重复导入设置比例。

⑥可调整歪斜的电子图片，使其矫正进而用来描图。

⑦支持对 CAD 标注进行修改，同时也可以对 CAD 字体进行修改。

⑧支持导入 PDF 格式的图纸。

⑨可以通过修改名称改动立面图，让其名称与图纸名称一致。

⑩可以通过双击立面图，自动定位至当前立面图组。

✍ 任务小结

知道软件所具备的功能以及各快捷键指令以及用途。

📝 课后作业

导入 CAD 图纸，然后将其拆分，修改名称改动立面图，让其名称与图纸名称一致，将立面图定位至当前图组。

任务二　界面介绍

【任务导读】

通过本次课程，了解并掌握各指令使用方式及用途。

教学视频
码5-2

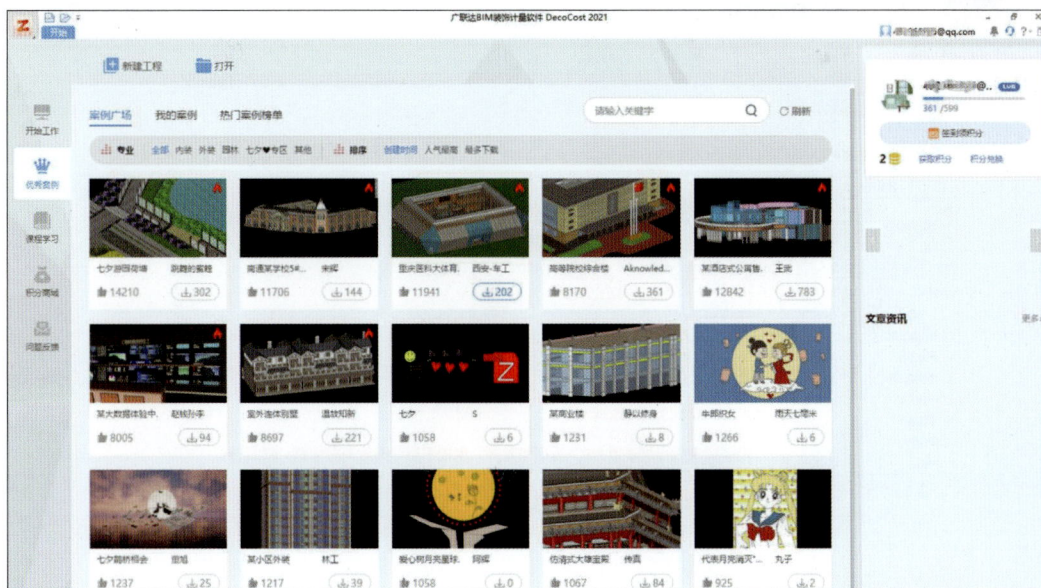

【任务内容】

图 5-1　初始界面

图 5-2

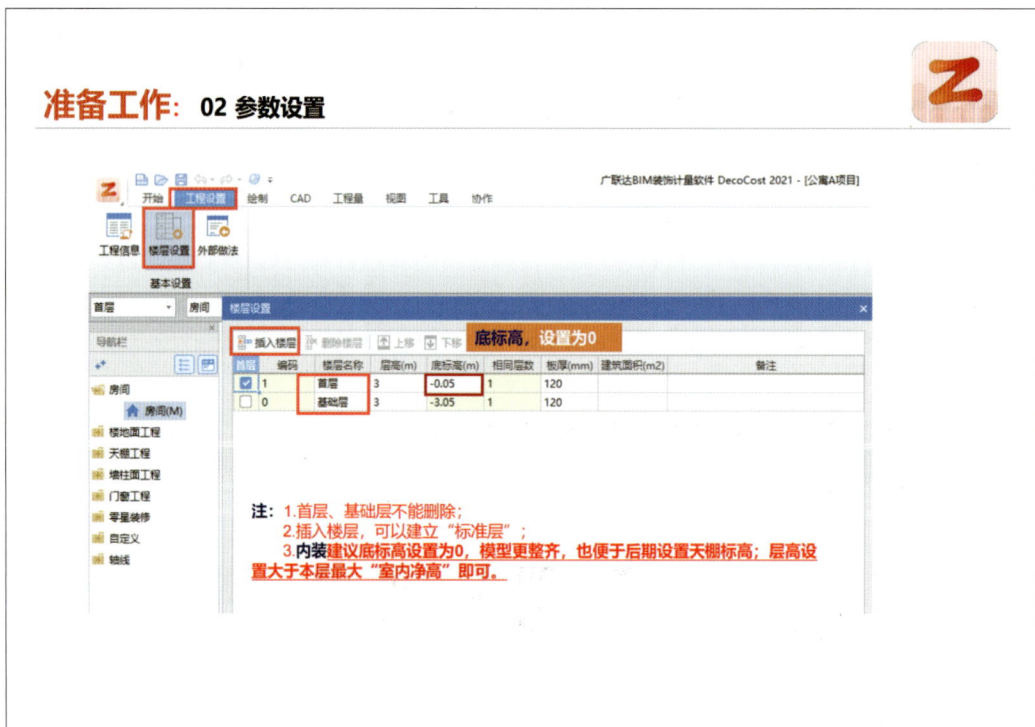

图 5-3

图 5-4

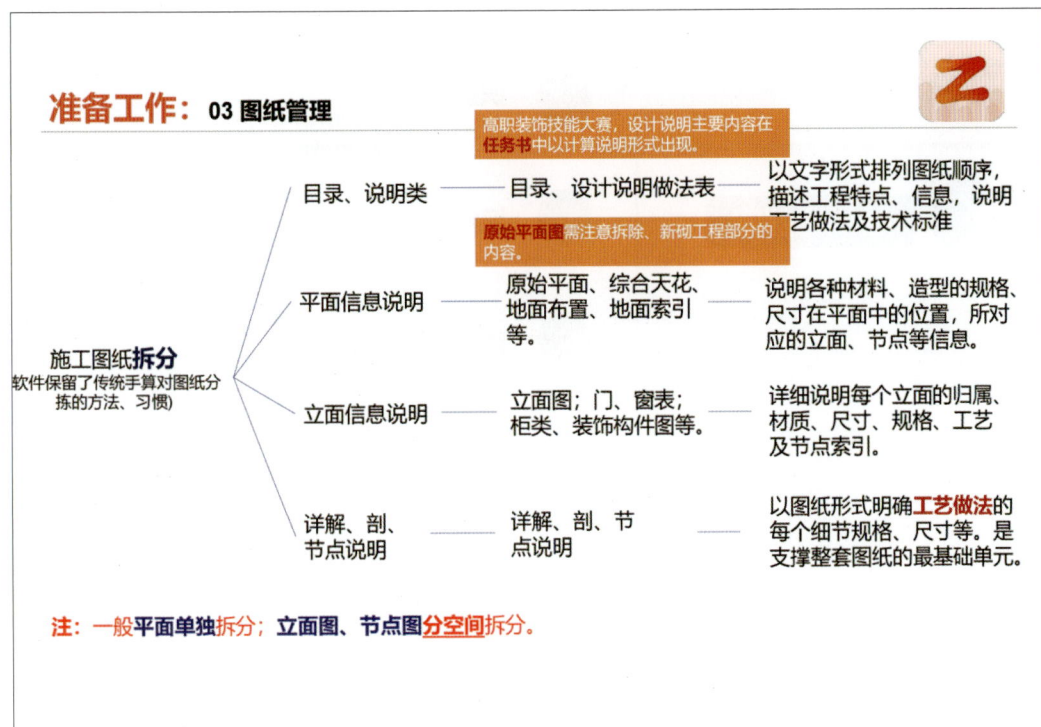

图 5-5

【✏️ 任务小结】

熟悉软件前期准备工作,能独立完成楼层设置与图纸拆分管理。

【📄 课后作业】

导入 CAD 图纸后进行图纸拆分归类,然后进行楼层高度设置。

任务三　楼地面工程

【任务导读】

本节课程将进行楼地面的工程建立及工程量清单的设置。

【任务内容】

教学视频
码5-3

图 5-6

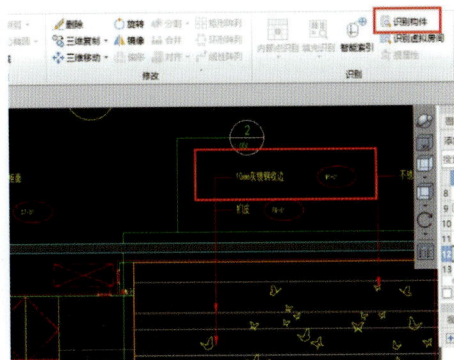

图 5-7

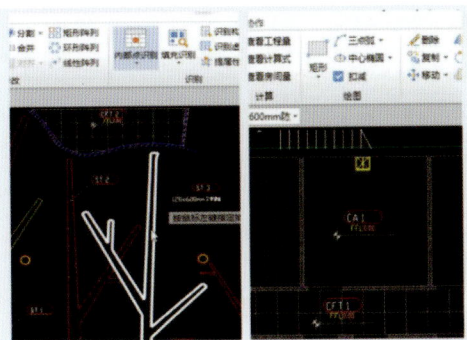

图 5-8

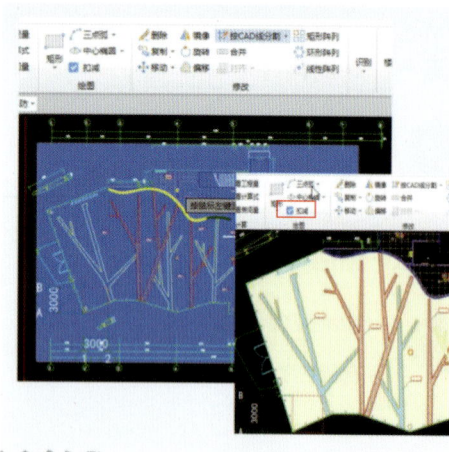

楼地面工程：**02 识别图元**

方法三：矩形绘制按CAD线分割

（复杂、不规则地面布置）

▽ **自动扣减**

扣减原则：小扣大、后扣先

图 5-9

楼地面工程：**03 查看工程量**

清单工程量汇总表

建立房间后，可"自由汇总"分空间显示。

项目特征，描述要结合 工艺和材料属性。

图 5-10

楼地面工程：03 查看工程量　　　主卧空间：地毯满铺？

用于地面铺设的地毯，可以分为**块毯**和**卷材地毯**两种形式。

块毯主要用于局部地面铺设，一般采用**活动式铺设法**，灵活性大，可以位移；

卷材地毯主要用于铺满整个地面空间，采用**固定式铺设法**，不能位移，损耗较大，但能够使居室更加舒适，上档次。

块毯铺设一般不存在施工问题,而满铺地毯施工较难，因此主要介绍**满铺地毯**的施工。

活动式地毯

方块地毯

满铺地毯

图 5-11

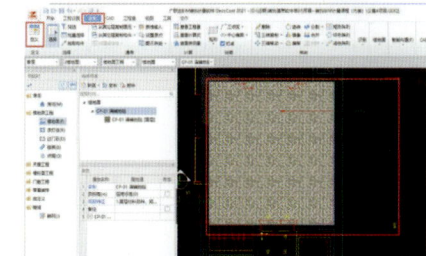

图 5-12

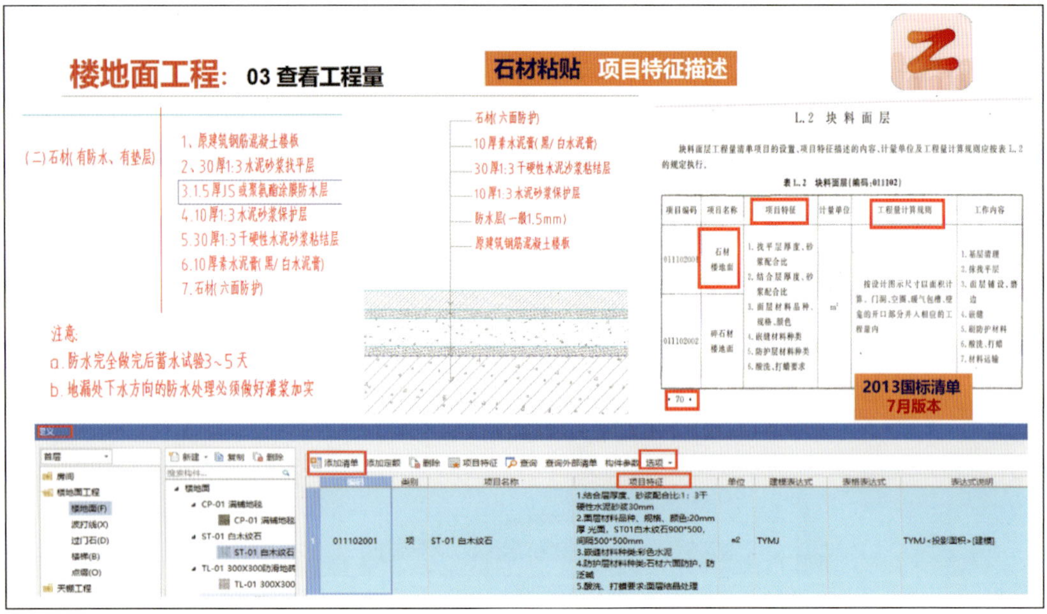

图 5-13

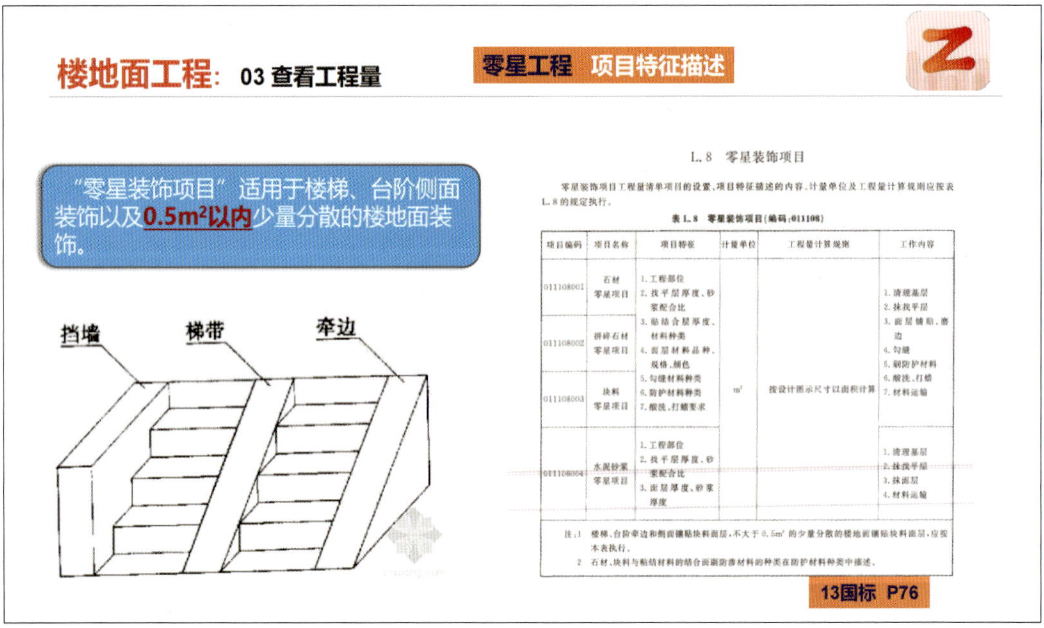

图 5-14

任务小结

通过本次课程，掌握楼地面的创建以及工程量清单的设置。

课后作业

通过导入的 CAD 图纸进行主卧室的楼地面工程创建，并设置其工程量清单。

任务四　天棚吊顶工程

教学视频
码5-4

【任务导读】

本任务将进行天棚吊顶的构建识别及工程建立。

【任务内容】

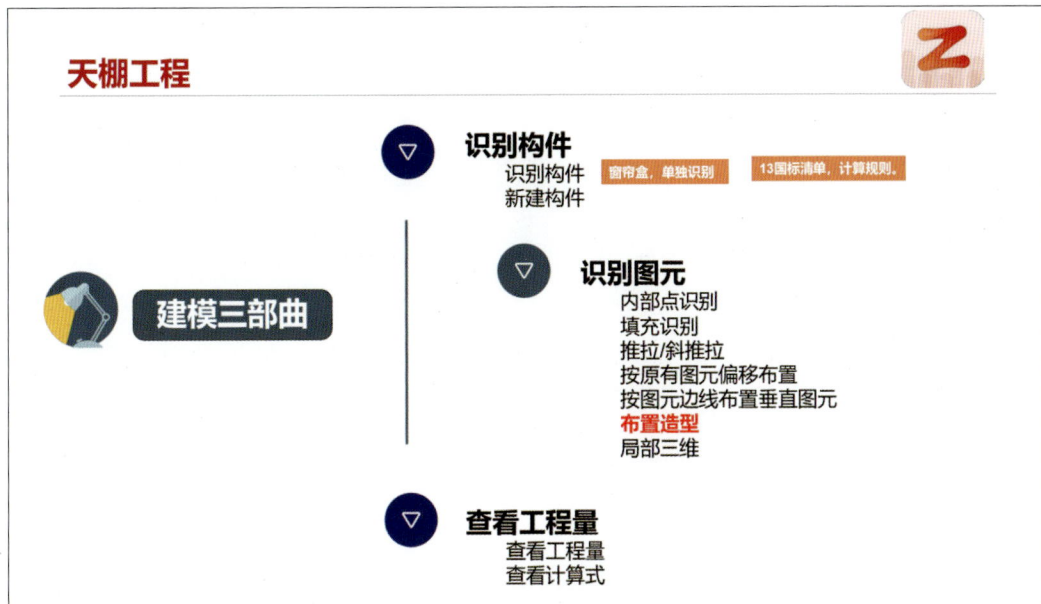

图 5-15

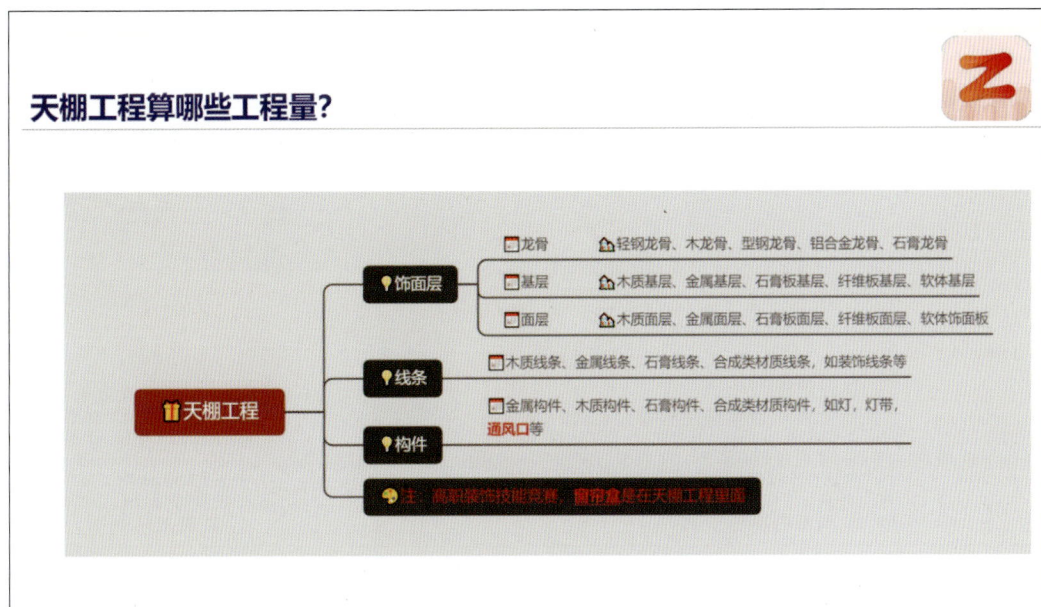

图 5-16

天棚工程

查看天花材料造型图，了解这部分要算什么。

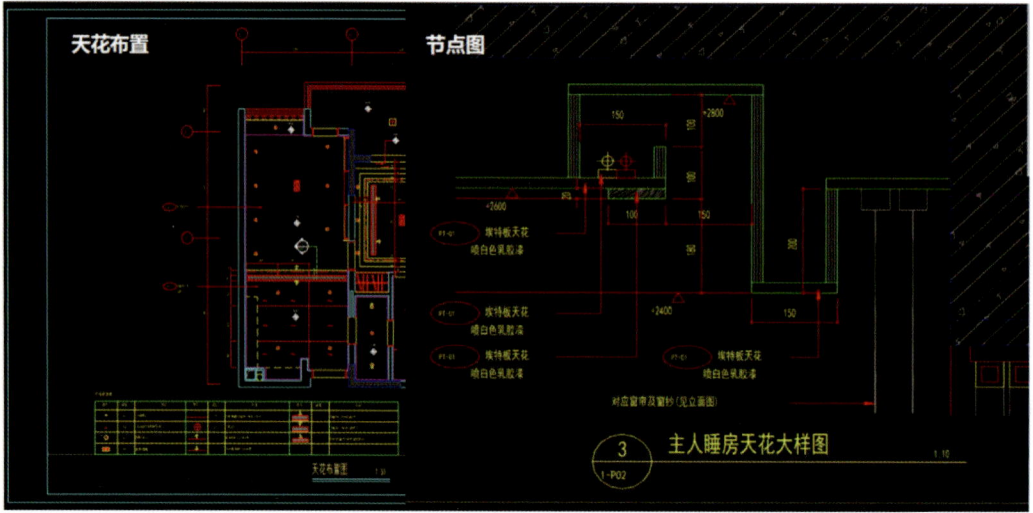

图 5-17

天棚工程

查看天花材料造型图，了解这部分要算什么。

分部分项名称	工艺做法	备注
石膏板吊顶	1. 清理现场； 2. M8金属膨胀螺栓固定吊点； 3. Φ6镀锌吊顶，间距900~1200，距边不大于300； 4. 轻钢龙骨C50系列，主龙骨间距900~1200，副龙骨间距400； 5. 单层9.5 mm防水纸面石膏板； 6. 刮腻子三遍，砂纸打光磨平； 7. 防水无机涂料三遍。	湿区都采用防水石膏板+防水无机涂料漆，干区可不用；当吊杆长度大于1 500 mm时，需要设置反支撑，或设置钢架转换层。

图 5-18

天棚工程

N.2　天棚吊顶

天棚吊顶工程量清单项目的设置、项目特征描述的内容、计量单位及工程量计算规则应按表 N.2 的规定执行。

表 N.2　天棚吊顶（编码：011302）

项目编码	项目名称	项目特征	计量单位	工程量计算规则	工作内容
011302001	吊顶天棚	1.吊顶形式、吊杆规格、高度 2.龙骨材料种类、规格、中距 3.基层材料种类、规格 4.面层材料品种、规格 5.压条材料种类、规格 6.嵌缝材料种类 7.防护材料种类	m²	按设计图示尺寸以水平投影面积计算。天棚面中的灯槽及跌级、锯齿形、吊挂式、藻井式天棚面积不展开计算。不扣除间壁墙、检查口、附墙烟囱、柱垛和管道所占面积，扣除单个>0.3m²的孔洞、独立柱及与天棚相连的窗帘盒所占的面积	1.基层清理、吊杆安装 2.龙骨安装 3.基层板铺贴 4.面层铺贴 5.嵌缝 6.刷防护材料

· 84 ·

P84

表 N.4　天棚其他装饰（编码：011304）

项目编码	项目名称	项目特征	计量单位	工程量计算规则	工作内容
011304001	灯带（槽）	1.灯带型式、尺寸 2.格栅片材料品种、规格 3.安装固定方式	m²	按设计图示尺寸以框外围面积计算	安装、固定
011304002	送风口、回风口	1.风口材料品种、规格 2.安装固定方式 3.防护材料种类	个	按设计图示数量计算	1.安装、固定 2.刷防护材料

P86

P.7　喷刷涂料

喷刷涂料工程量清单项目设置、项目特征描述的内容、计量单位及工程量计算规则应按表 P.7 的规定执行。

表 P.7　喷刷涂料（编号：011407）

项目编码	项目名称	项目特征	计量单位	工程量计算规则	工作内容
011407001	墙面喷刷涂料	1.基层类型 2.喷刷涂料部位 3.腻子种类 4.刮腻子要求 5.涂料品种、喷刷遍数	m²	按设计图示尺寸以面积计算	1.基层清理 2.刮腻子 3.刷、喷涂料
011407002	天棚喷刷涂料				
011407003	空花格、栏杆刷涂料	1.腻子种类 2.刮腻子遍数 3.涂料品种、刷喷遍数	m²	按设计图示尺寸以单面外围面积计算	
011407004	线条刷涂料	1.基层清理 2.线条宽度 3.刮腻子遍数 4.刷防护材料、油漆	m	按设计图示尺寸以长度计算	

· 90 ·

P90

图 5-19

天棚工程

主卧天棚

主人睡房天花大样图

图 5-20

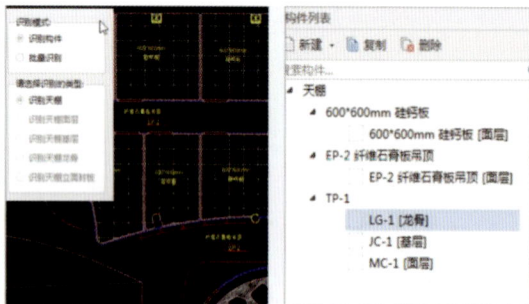

图 5-21

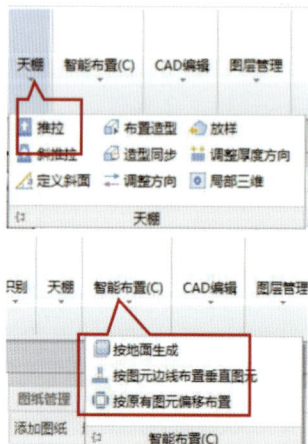

图 5-22

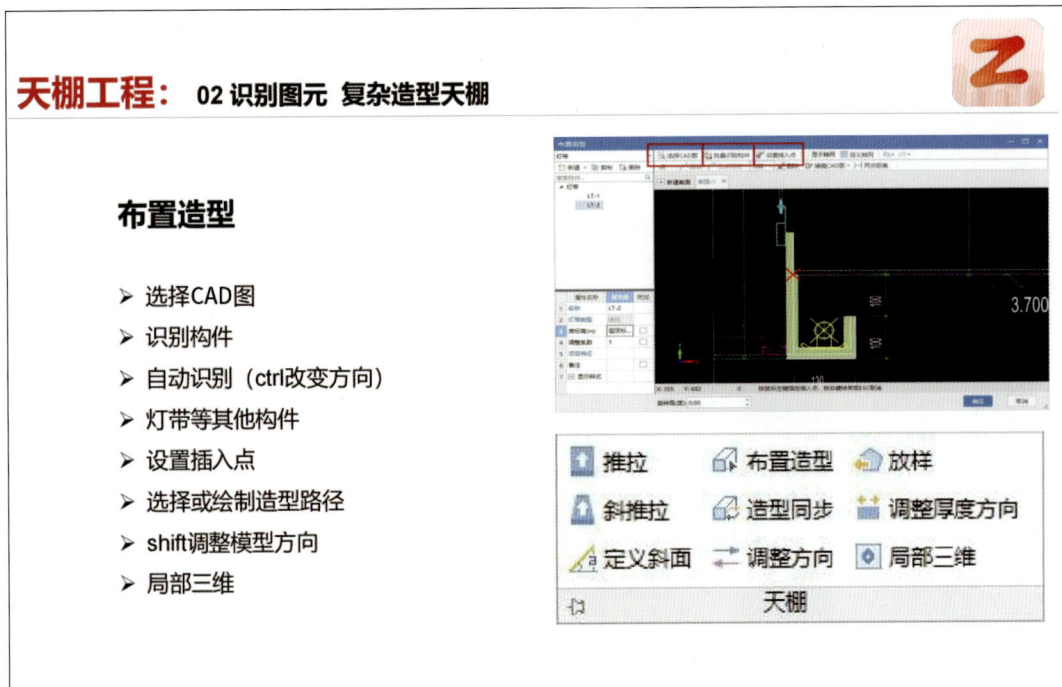

图 5-23

任务小结

通过本任务，掌握天棚的创建以及工程量清单的设置。

课后作业

本任务将进行主卧室天棚的工程建立，天棚工程量清单的设置。

任务五 导出工程量清单

【任务导读】

本任务将讲解如何将工程量清单导出外部文件。

【任务内容】

在查看工程量清单界面，点击"导出"，可一键导出工程量清单。

教学视频
码5-5

图 5-24

任务小结

> 掌握了软件的核心用途,会使用导出工程量清单的设置方式。

课后作业

> 将所做的所有工程量清单分别导出为 Excel 文件,打印为 PDF 文件。